Aus Natur und Geisteswelt
Sammlung wissenschaftlich-gemeinverständlicher Darstellungen

826. Band

Tierpsychologie

Eine Einführung in die vergleichende Psychologie

Von

Professor Dr. Karl Lutz

Mit 29 Abbildungen

Springer Fachmedien Wiesbaden GmbH 1923

Inhaltsverzeichnis.

Ursprünglich erschienen bei B. G. Teubner in Leipzig 1923.

ISBN 978-3-663-15230-9 ISBN 978-3-663-15793-9 (eBook)
DOI 10.1007/978-3-663-15793-9

Vorwort.

Gerne bin ich dem Wunsche des Verlages gefolgt, für die Sammlung „Aus Natur und Geisteswelt" einen Band über Tierpsychologie zu schreiben. Der Schwierigkeit meiner Aufgabe war ich mir wohl bewußt. Die Tierpsychologie ist ja bekanntlich eine unserer jüngsten Wissenschaften; daher ist es erklärlich, daß manche ihrer Probleme heute noch sehr umstritten sind und daß sie im Gegensatz zu anderen Wissenschaften, wo doch immerhin meist schon vorbildliche zusammenfassende Darstellungen vorliegen, noch nicht über ein leicht verständliches, einführendes Werk verfügt, das sowohl den biologischen wie auch insbesondere den psychologisch-methodischen Forderungen in gleicher Weise gerecht zu werden versucht. Der Fachmann wird in meiner Darstellung vielleicht manches vermissen, da wegen des vorgeschriebenen beschränkten Raumes auf manche wichtige Arbeit nicht oder nur sehr kurz eingegangen werden konnte, oder hätte je nach seinem Standpunkt das eine oder andere Problem lieber anders behandelt gesehen. Der Laie, Tierfreund, Hunde- oder Pferdesportsmann, wird dagegen die sachliche und nüchterne Darstellung des Gegenstandes, die sich eben einmal bei einer jeden wissenschaftlichen Auseinandersetzung von selbst ergibt, vielleicht wenig anziehend finden. Denn leider sind in weiten Kreisen immer noch die kritiklosen Anschauungen der alten vorwissenschaftlichen und populären Tierpsychologie verbreitet, während die Ergebnisse und Forschungsmethoden der modernen wissenschaftlichen Tierpsychologie immer noch nicht die Verbreitung und Anerkennung gefunden haben, die sie mit Rücksicht auf ihre Bedeutung für die menschliche Psychologie, für die Abstammungslehre, für die Pädagogik, für die Kynologie und das Diensthundewesen usw. eigentlich beanspruchen dürfte. Bei meiner Darstellung lege ich besonderen Wert auf die Methode der Tierpsychologie. Auf kaum einem anderen Gebiete ist ja bekanntlich die Gefahr des Einschleichens von allerlei Fehlerquellen so groß wie in der Psychologie und besonders in der Tierpsychologie. Der Versuchung auf Grund weniger und oberflächlicher rikanischen Forscher gewöhnlich auszudrücken pflegen — mit dem Verhalten (behavior) der Tiere befaßt. Danach können wir sagen: Die Tierpsychologie hat die Aufgabe, das Verhalten der Tiere, wie es durch ihre äußeren Bewegungen in die Erscheinung tritt, zu beobachten und zu erklären. Das Verhalten eines Tieres ist erklärt, wenn es uns gelungen ist, die Bedingungen anzugeben, von denen es abhängt.

Populäre oder vulgäre Tierpsychologie. Je nach der Stellung, die wir bei der Behandlung tierpsychologischer Probleme einnehmen, lassen sich zunächst zwei Standpunkte unterscheiden, der Standpunkt der sogenannten vulgären, populären oder anthropomorphistischen (vermenschlichenden) Tierpsychologie und der Standpunkt der streng wissenschaftlichen Tierpsychologie.

Die sogenannte Vulgärtierpsychologie bedient sich einer sehr einfachen und bequemen Methode, nämlich der vollständig kritiklosen Anwendung des Analogieprinzips, indem sie die Handlungen der Tiere durch dieselben Motive und Gedankengänge wie die menschlichen entstehen läßt, ohne sich darum zu kümmern, von welchen Umständen im einzelnen das Verhalten der Tiere abhängen kann. Bis vor kurzem hat diese Vulgärpsychologie noch eine sehr bedeutsame Rolle gespielt. Wir erinnern nur an die älteren Auflagen von Brehms Tierleben[1]), und an die vielen populären Schriften und Zeitungsartikel, welche sich mit dem Seelenleben der Tiere in diesem kritiklosen Sinne der anthropomorphistischen Tierpsychologie befassen. Wundt [5] charakterisiert die sogenannte Vulgärpsychologie folgendermaßen: „Wenn Baco dereinst die mangelhafte Naturbeobachtung der Aristoteliker seiner Zeit den Berichten eines Gesandten verglich, der seine Kenntnis der Maßnahmen seiner Regierung auf Stadtgespräche gründe, so paßt dieses Bild ziemlich genau auf die ältere Tierpsychologie und leider zum Teil noch auf die heutige. Sie war durchgängig beherrscht von den Begriffen jener

1) Die neueste von O. zur Strassen herausgegebene Auflage steht auf dem Standpunkte der modernen wissenschaftlichen Tierpsychologie.

vulgären Psychologie, mit der man für die Bedürfnisse des gewöhnlichen Lebens und nur zu oft auch der Wissenschaften, die psychologischer Anwendungen nicht entraten können, auszureichen glaubt. Nun besteht das Wesen dieser vulgären Psychologie darin, daß man die seelischen Vorgänge nicht für das hält, als was sie sich der unmittelbaren und vorurteilslosen Auffassung darbieten, sondern daß man die eigenen Reflexionen über jene Vorgänge in sie selber hineinlegt. Für die Tierpsychologie entspringt daraus die unausbleibliche Folge, daß die seelischen Leistungen der Tiere von den niedersten bis zu den höchsten als Verstandeshandlungen gedeutet werden, oder daß man umgekehrt, da das doch manchmal allzu verwickelte Überlegungen voraussetzen ließe, rundweg den Tieren jede psychische Funktion abspricht, um sie für natürliche Maschinen zu erklären, die mit der nützlichen Eigenschaft ausgestattet seien, daß sich ihre zweckmäßigen mechanischen Einrichtungen vererben. ... Diese Psychologie verfährt nach einer sehr einfachen Regel. Sobald sich irgendeine Lebensäußerung so ausnimmt, daß eine Reihe von Überlegungen und Schlüssen möglicherweise zu ihr geführt haben könnte, so gilt dies als ein zureichender Beleg dafür, daß solche Überlegungen und Schlüsse wirklich stattfanden. Wo es an einer zureichenden psychologischen Analyse der Erscheinungen selbst fehlt, da ist dieser Erfolg in der Tat beinahe unvermeidlich. Die logische Reflexion[1]) ist der uns geläufigste seelische Vorgang, den wir überall in uns finden, wo wir über irgendwelche Gegenstände nachdenken. Darum löst sich nun der populären Psychologie das ganze Seelenleben in diesem Medium logischer Reflexionen auf. Die Frage, ob es andere Prozesse vielleicht von einfacherer Natur gebe, tritt ihr gar nicht nahe, weil sie überall, wo ihr Anlaß zur Selbstbeobachtung geboten ist, eben im eigenen Bewußtsein nur diesen Vorgang der logischen Reflexion wahrnimmt. Auch auf Gefühle, Triebe, Willenshandlungen überträgt sie dies: sie erscheinen als Akte der Intelligenz, die aus der Überlegung ihrer Zwecke hervorgegangen seien. Diese Auffassung ist nun aus der

1) D. h. das sich abstrakter Begriffe bedienende folgerichtige Nachdenken.

menschlichen im wesentlichen in die Tierpsychologie hinübergewandert. Zu einer solchen Vermengung der seelischen Vorgänge mit der Reflexion über sie gesellt sich aber bei manchen Tierpsychologen auch noch die Neigung, die intellektuellen Leistungen der Tiere in möglichst glänzendem Lichte zu schildern. Sie entspringt teils aus der natürlichen Freude am Gegenstand der Beobachtung, teils auch aus dem Streben, im Interesse der entwicklungsgeschichtlichen Beziehungen zwischen Mensch und Tier, den Unterschied zwischen beiden möglichst klein erscheinen zu lassen. So schmückt denn die Phantasie des Beobachters nicht selten im besten Glauben die Erscheinungen mit frei erfundenen Motiven. Mögen auch die Tatsachen wahr sein, — durch die Interpretation, die arglos mit ihnen vermengt wird, erscheinen sie von vornherein in einer falschen Beleuchtung."

Zur Erläuterung dieser unwissenschaftlichen Vulgärpsychologie will ich einige Beispiele anführen. So ist es z. B. eine sehr anthropomorphistische Anschauung, wenn der griechische Schriftsteller Plutarch meint: „Die Kraniche stehen bei ihren Nachtwachen auf einem Beine, mit dem andern fassen sie einen Stein, damit die Spannung sie wach erhalte und der Stein bei etwaigem Einschlafen sie aufschrecke." Ludwig Büchner (1824—1899) erzählt in seinem Buche „Über das Geistesleben der Tiere" von den Ameisen folgendes: „Die junge Ameise scheint bei ihrem Eintritt noch keine zureichende Kenntnis der Pflichten[1]) zu besitzen, die als Mitglied einer Gemeinschaft ihr obliegen. Man führt sie durch das Nest, man lehrt sie die häuslichen Tugenden üben, besonders der Fürsorge für die Larven. Später lehrt man sie die Freunde von den Feinden unterscheiden."

In Brehms Tierleben (2. Auflage 1876, 1. Band) heißt es: „Das Säugetier besitzt Gedächtnis, Verstand und Gemüt, und hat daher oft einen sehr entschiedenen, bestimmten Charakter. Es zeigt Unterscheidungsvermögen, Zeit-, Ort-, Farben- und Tonsinn, Erkenntnis, Wahrnehmungsgabe, Urteil, Schlußfähigkeit; es bewahrt sich gemachte Erfahrungen auf und be-

1) Die anthropomorphistisch gedeuteten Begriffe sind gesperrt gedruckt!

nutzt sie; es erkennt Gefahren und denkt über die Mittel nach, um sie zu vermeiden; es beweist Neigung und Abneigung, Liebe gegen Gatten und Kind, Freunde und Wohltäter, Haß gegen Feinde und Widersacher, Dankbarkeit, Treue, Achtung und Mißachtung, Freude und Schmerz, Zorn und Sanftmut, List und Klugheit, Ehrlichkeit und Verschlagenheit. Das kluge Tier rechnet, bedenkt, erwägt, ehe es handelt, das gefühlvolle setzt mit Bewußtsein Freiheit und Leben ein, um seinem inneren Drange zu genügen. Das Tier hat von Geselligkeit sehr hohe Begriffe und opfert sich zum Wohle der Gesamtheit; es pflegt Kranke, unterstützt Schwächere und teilt mit Hungrigen seine Nahrung. Es überwindet Begierden und Leidenschaften, und lernt sich beherrschen, zeigt also auch selbständigen Willen und Willenskraft. Es erinnert sich der Vergangenheit jahrelang und gedenkt sogar der Zukunft, sammelt und spart für sie." Hier werden eine Menge menschlicher Eigenschaften dem Tiere zugesprochen, ohne daß diese Begriffe, wie z. B. „Urteil", „Schlußfähigkeit", „List", „Klugheit", „Ehrlichkeit", „Freiheit", „Dankbarkeit" näher definiert und zergliedert werden. Von der Larve des Ameisenlöwen[1]), welche auf dem Grunde von einem in den Sand gebauten Trichter sich aufhält, und in den Trichter gelangende Ameisen und andere kleine Tiere mit Sand „bombardiert" und dann aussaugt, sagt Brehm: „Die ausgesogenen Tierleichen werden herausgeschleudert, damit sie ihm nicht im Wege sind. So müssen Ausdauer und Schlauheit ersetzen, was dem Ameisenlöwen durch andere Naturanlagen versagt worden ist." Doflein konnte jedoch zeigen, daß nichts unangebrachter ist, als beim Ameisenlöwen von Schlauheit zu reden. In seinem Werke über den Ameisenlöwen [42] hat er vielmehr den Nachweis erbracht, daß das merkwürdige Verhalten dieses Tieres durch einige wenige automatisch verlaufende Reflexe bedingt ist.[2]) Obwohl nun die meisten Tierpsychologen diesen veralteten laienhaften und kritiklosen Standpunkt der sogenannten

1) Vgl. Abbildung 15. 2) Vgl. auch S. 40.

Vulgärpsychologie aufgegeben haben, sind solche vulgärpsychologischen Abhandlungen, deren Verfasser mit den Arbeitsmethoden und Ergebnissen der exakten psychologischen Forschung gar nicht vertraut sind, aus der populärwissenschaftlichen Literatur, aus den Zeitschriften der Hundesportvereine, Tierschutzvereine usw. immer noch nicht verschwunden.

Wissenschaftliche Tierpsychologie. Von dieser sogenannten populären oder vulgären Tierpsychologie unterscheidet sich die wissenschaftliche Tierpsychologie sowohl durch den Standpunkt, den sie dem Tiere gegenüber einnimmt, als auch durch die Methode (Arbeitsweise). Der wissenschaftlich arbeitende Tierpsychologe bemüht sich zunächst, dem Tiere gegenüber einen unbefangenen und vorurteilslosen Standpunkt zu gewinnen. Während die eine Richtung die psychischen Leistungen der Tiere auf eine möglichst hohe Stufe emporheben möchte, um die Unterschiede in psychischer Beziehung zwischen Mensch und Tier möglichst gering erscheinen zu lassen, und während die andere entgegengesetzte Richtung die Kluft zwischen dem Menschen und den übrigen Lebewesen möglichst groß zu gestalten sucht, tritt der wissenschaftlich denkende Tierpsychologe frei von allen vorgefaßten Meinungen an die Probleme der Tierpsychologie heran, nur mit dem einen Bestreben, das Verhalten der Tiere aus ihrer Organisation und den Einflüssen ihrer Umgebung zu verstehen. Hinsichtlich der Methode unterscheidet sich die wissenschaftliche Tierpsychologie vor allem dadurch, daß sie die Handlungen der Tiere nicht auf Grund rein zufälliger Beobachtungen, in die dann hinterher menschliche Gedankengänge und Motive hineingedeutet werden, erklärt, sondern daß sie mit Hilfe planmäßig angestellter Versuche und protokollarisch genau aufgezeichneter Beobachtungen den Ursachen des tierischen Verhaltens nachforscht. Bei der Deutung und Erklärung der tierischen Handlungen bedient sie sich dabei des sogenannten Sparsamkeitsprinzips[1]), das von Morgan und Wundt in die Tierpsychologie eingeführt wurde

1) Das Prinzip der Sparsamkeit finden wir bei allen biologischen Vorgängen.

und welches in der Fassung Morgans lautet: „In keinem Falle dürfen wir eine Tätigkeit als die Wirkung einer höheren psychischen Fähigkeit deuten, wenn sie als die Wirkung einer niederen gedeutet werden kann.“ (An Introduction to comparative psychology, London 1903.) Wenn also z. B. ein Hund eine Handlung begeht, die sich als rein gedächtnismäßige Handlung erklären läßt, so wäre es nach diesem Sparsamkeitsprinzip verfehlt, einen höheren psychischen Vorgang, also z. B. abstraktes Denken und Schließen, zur Erklärung der Handlung heranzuziehen.

Innerhalb der wissenschaftlichen Tierpsychologie lassen sich nun in der Hauptsache zwei Richtungen unterscheiden, die subjektive und die objektive Tierpsychologie.

Subjektive Tierpsychologie. Die subjektive Tierpsychologie, wie sie hauptsächlich durch Wundt, Marbe, Kafka, Wasmann, Claparède vertreten wird, erkennt die Berechtigung des Analogieprinzips an, indem sie dem Tiere Sinneswahrnehmungen, Erinnerungsvorstellungen, Lust- und Unlustgefühle usw. in ähnlicher Weise zuschreibt wie uns Menschen. Mit Recht machen die Vertreter der subjektiven Psychologie geltend, daß die Psychologie auch für die Beurteilung der Handlungen unserer Mitmenschen das Analogieprinzip anerkennt, denn die psychischen Erlebnisse unserer Mitmenschen sind uns ganz unzugänglich, wir schließen vielmehr erst aus ihrem Verhalten auf die Vorgänge, die sich in ihrem Seelenleben abspielen. Den Standpunkt der subjektiven Tierpsychologie hat Wundt folgendermaßen formuliert: „Wir gehen aus von den einfachsten Erscheinungen des menschlichen Seelenlebens, da diese uns allein über die grundlegenden Eigenschaften und Gesetze des psychischen Geschehens Aufschluß geben können. Mit ihnen ausgerüstet, werfen wir dann einen vergleichenden Blick auf die seelischen Lebensäußerungen der Tiere, um endlich von da aus wieder womöglich Gesichtspunkte zu gewinnen für eine allgemeinere Beurteilung der seelischen Entwicklungen. Denn von der Menschen- zur Tierseele, nicht umgekehrt, führt der einzig mögliche Weg der vergleichenden Psychologie.... Man kann weder in der Psychologie irgendeines einzelnen Tieres noch des ganzen Tierreiches auch nur den kleinsten Schritt tun, ohne von den Tatsachen des menschlichen Bewußtseins auszugehen." [5]

Objektive Tierpsychologie. Die zweite Hauptrichtung der modernen Tierpsychologie ist die sogenannte objektive Tierpsychologie. Die Bezeichnung „objektive Psychologie" wurde von Arnhart eingeführt [54]. Ihre Hauptvertreter sind Beethe, Beer, Uexküll, Bechterew und Jordan. Die objektive Tierpsychologie sucht das Verhalten der Tiere rein physiologisch, d. h. ohne Zuhilfenahme von psychischen Vorgängen zu erklären. Da wir objektiv über irgendwelche Bewußtseinszustände oder seelischen Erlebnisse bei den Tieren niemals etwas Sicheres aussagen können, da wir niemals wissen, was ein Tier im einzelnen Falle „empfindet", „fühlt" oder sich „vorstellt", so lehnt die objektive Psychologie die Zuhilfenahme subjektiver psychischer Vorgänge für die Erklärung des tierischen Verhaltens vollständig ab. Die Aufgabe, welche sich die objektive Psychologie oder „Psychoreflexologie" stellt, formuliert Bechterew folgendermaßen [6]: „Endziel der Psychoreflexologie ist also das Studium des Verhaltens des Organismus zur Außenwelt im Zusammenhange mit der stattgehabten Erfahrung ganz unabhängig von subjektiven Erlebnissen, die man im Organismus bei vorhandenen Außenwirkungen nach Analogie mit sich selbst vermuten könnte. Die Psychoreflexologie braucht sich mit Empfindungen, Vorstellungen, Begriffen u. dgl. nicht zu befassen. Sie kennt nur Außenreize und Eindrücke, Spuren, die diese in den Zentren zurücklassen, und deren Assoziationen, Reaktionen in ihrer Beziehung zu früher stattgehabten äußeren Einflüssen, die unmittelbar von ihrem Zutagetreten oder in entlegener Zeit auf den Organismus eingewirkt haben. Die Psychoreflexologie entäußert sich auch aller metaphysischen, der subjektiven Psychologie entlehnten Ausdrücke, wie Wille, Verstand, Wunsch, Trieb, Gefühl, Gedächtnis." Die objektive Psychologie ist also eigentlich nichts anderes als Physiologie. Sie bedient sich deshalb auch der physiologischen Nomenklatur. Anstatt von Empfindung spricht die objektive Psychologie von Perzeption (Reizaufnahme).[1]) Die Sinnesorgane heißen Rezeptionsorgane oder Rezeptoren (Reizaufnahmestellen). Lichtempfindung ist durch Photorezeption, Auge durch Photorezeptionsorgan ersetzt. Das Gedächtnis der subjektiven Psychologie wird als Remanenz[2]) des Reizes bezeichnet [55].

Berechtigung der subjektiven Tierpsychologie als vergleichender Psychologie. Der Gegensatz, in welchem objektive und subjektive Psychologie stehen, ist jedoch nur scheinbar und leicht überbrückbar. Selbst Bechterew gibt zu, daß die objektive Psychologie die subjektive Psychologie durchaus nicht ausschließt und ihre Bedeutung als Disziplin nicht verringert, sondern sie vielmehr ergänzt. Den objektiven Psychologen, oder — was eigentlich auf dasselbe hinausläuft — den Physiologen interessieren in erster Linie die rein physiologischen Vorgänge, welche das Verhalten der Tiere bedingen und ermöglichen, den subjektiven Psychologen dagegen auch die diese physiologischen Vorgänge begleitenden oder bedingenden psychischen Prozesse. Zwischen beiden Standpunkten gibt es noch einen vermittelnden, wie er etwa durch Jennings vertreten wird, und dem sich der Verfasser anschließt. Danach müssen wir zunächst einmal das Verhalten der Tiere rein objektiv studieren. Nun ist es aber nicht Aufgabe der wissenschaftlichen Forschung, lediglich Beobachtungen zu machen und Tatsachen zu sammeln, sondern es müssen zwischen den Beobachtungen auch die Beziehungen und Zusammenhänge aufgedeckt werden, und das Beobachtungsmaterial muß in ein wissenschaftliches System eingeordnet werden; die Beobachtungen sind mit andern zu vergleichen, oder wie man diese Seite der wissenschaftlichen Forschung kürzer bezeichnen kann: das Beobachtungsmaterial muß gedeutet werden. Dabei wird aber die Tierpsychologie ganz von selbst zu einer Art von vergleichender Psychologie werden, die der subjektiven Sprache nicht entbehren kann. Mit Recht sagt Jennings: „Wenn diese ausschließliche Anwendung objek-

---

1) Unter Reiz versteht man jede Einwirkung auf die lebendige Substanz; siehe S. 27.
2) Nachwirkung oder Spur.

tiver Bezeichnungen auch ihre großen Vorzüge hat, so hat sie doch vielleicht auch einen Nachteil. Denn es wird dadurch eine völlige Trennung zwischen dem Verhalten der niederen Organismen einerseits und dem des Menschen und der höheren Tiere andererseits herbeigeführt. Aus einer in objektiven Bezeichnungen gehaltenen Behandlung des Verhaltens der niederen Organismen, verglichen mit einer Besprechung des Verhaltens des Menschen in subjektiven Ausdrücken, erhalten wir den Eindruck eines vollkommen fehlenden Zusammenhanges zwischen beiden." Der Verzicht auf subjektiv psychologische Bezeichnungen (z. B. Empfindung, Lust- und Unlustgefühle, Erinnerungsvorstellung, Gedächtnis usw.) würde vielfach eine künstliche Erschwerung für die Deutung des tierischen Verhaltens nach sich ziehen. Wie wollte man z. B. das Verhalten eines schußscheuen Hundes erklären, der bei jedem Schuß sich ängstlich niederduckt, weil er früher einmal angeschossen wurde, ohne daß man dem Hunde Lust- und Unlustgefühle, Erinnerungsvorstellungen usw. zuschreibt? Ebensowenig kann die Abrichtungslehre der Tiere subjektiv-psychologischer Begriffe vollständig entbehren. Claparède weist auch darauf hin, daß die Arbeiten von Huber, Lubbock, Fabre, Forel, Wasmann, Peckhan, v. Büttel, Emery, Escherich, Fielde, Wheeler, Grober, Dahl, Morgan, Yerkes, Thorndike, Jennings, Lécrillon, Young usw., welche für die neuere Tierpsychologie die größte Bedeutung gewonnen haben, sich der Sprache der subjektiven Psychologie bedienen.

II. Die Methodik der tierpsychologischen Forschung.

Die Geschichte der Tierpsychologie zeigt uns, auf welche Abwege ein Forschungsgebiet kommen kann, wenn man sich auf rein zufällige Beobachtungen stützt, die einer strengen wissenschaftlichen Kritik entbehren. Nirgends ist ja gerade die Gefahr des Einschleichens von Fehlerquellen aller Art größer als bei psychologischen Untersuchungen. Ganz besonders aber gilt dies für das Gebiet der Tierpsychologie. Eine sachgemäße, allen wissenschaftlichen Ansprüchen vollauf genügende Untersuchung und Deutung des tierischen Verhaltens ist nur demjenigen möglich, der mit den Methoden der wissenschaftlichen Psychologie, nämlich der exakten Beobachtung, dem Experiment und der Statistik vertraut ist, und der aus eigner Anschauung und Erfahrung all die großen Schwierigkeiten und die drohenden Fehlerquellen kennen gelernt hat, denen der psychologische Experimentator dauernd begegnet.

Schwierigkeit der tierpsychologischen Forschung wegen des Mangels der Sprache bei den Tieren. Das größte Hindernis für die tierpsychologische Forschung ist der Mangel der Sprache bei den Tieren. Während die Psychologie des Menschen das methodische Hilfsmittel der sogenannten Selbstbeobachtung hat, wobei die Versuchsperson über ihre psychischen Erlebnisse Auskunft geben kann, sind wir bei den Tieren ganz und gar auf die Beobachtungen ihrer Bewegungen angewiesen, von denen wir dann erst Rückschlüsse auf ihre etwaigen psychischen Verhältnisse ziehen können. Gerade hier liegt aber eine sehr gefährliche Klippe. Der Tierpsychologe muß nämlich stets sehr strenge auseinanderhalten, was objektive Beobachtung und was nachträgliche Hineindeutung ist.

Gelegenheitsbeobachtungen und Beobachtungen unter künstlichen Bedingungen. So wertvoll eine genaue und gewissenhafte Beobachtung der Tiere unter ihren natürlichen Bedingungen, also z. B. im Freien oder unter den gewöhnlichen Umständen der Gefangenschaft an sich sein mag, so verhältnismäßig wenig kann sie uns aber meist über die Gründe des tierischen Verhaltens Rechenschaft geben. Solche Gelegenheitsbeobachtungen können uns nur zur Kenntnis bringen, *wie* das Tier im einzelnen Falle handelt, sie sagen uns aber meistens gar nicht, *warum* das Tier gerade so handelt und nicht anders, d. h. eben, sie liefern uns noch keine Erklärung. Will man die Gründe des tierischen Verhaltens exakt erforschen — und das ist doch gerade die Aufgabe der wissenschaftlichen Tierpsychologie —, will man feststellen, von welchen Umständen — oder besser gesagt —, von welchen Bedingungen das Verhalten des Tieres abhängt, so muß man planmäßige Versuche anstellen. Der Vorzug des tierpsychologischen Experiments besteht eben darin, daß man nicht erst abzuwarten braucht, bis der zu beobachtende Vorgang eintritt, sondern daß man diesen Vorgang, also z. B. eine tierische Handlung willkürlich hervorruft. Darüber hinaus kommt aber dem Experiment noch eine andere große Bedeutung zu; es ermöglicht uns auch festzustellen, wodurch das Verhalten der Tiere bedingt wird. Die Beobachtung liefert also nur die Beschreibung des Verhaltens, der Versuch dagegen die Erklärung.

Kontrollversuche und Versuchsreihen. Um die Handlungen der Tiere richtig zu deuten und zu erklären, genügt nun meistens ein einziger Versuch nicht, sondern es sind mehrere Versuche, sogenannte Versuchsreihen nötig. Die Versuchsanordnung muß vielfach abgeändert, d. h. die Versuchsbedingungen müssen gewechselt oder — wie der Psychologe sagt — variiert werden, und zwar so oft und so lange, bis man einwandfrei angeben kann, von welchen Bedingungen das tierische Verhalten abhängt. Diese sogenannte Variationsmethode, die allgemein darin besteht, daß man die Versuchsbedingungen dauernd abändert, daß man also sogenannte Kontrollversuche anstellt und dabei genau beobachtet, wie sich das Tier bei diesen abgeänderten Bedingungen verhält, ist allein imstande, die tierischen Handlungen und Leistungen einer exakten wissenschaftlichen Erklärung zugänglich zu machen. Zwei Beispiele mögen die Bedeutung einer richtigen tierpsychologischen Methodik näher erläutern.

Wasmann machte folgenden Versuch. Er stellte in das Nest der blutroten Raubameise (Formica sanguinea) ein mit Wasser gefülltes Uhrglas, in dessen Mitte sich auf einer Insel Puppen dieser Ameisenart befanden. Die Ameisen trugen nun Sandkörner herbei und nach einiger Zeit hatten sie zu der Insel „eine Brücke geschlagen" und konnten jetzt zu den Puppen gelangen. Die bloße, rein zufällige Beobachtung dieses Vorganges wird nun den Beobachter leicht veranlassen, den Ameisen eine Überlegungsfähigkeit und ein Schlußvermögen zuzuschreiben. Denn „der Bau einer Brücke" stellt doch immerhin eine sehr hohe psychische Leistung dar. So muß also zunächst der Vorgang erscheinen, wenn man die Versuchsbedingungen nicht abändert, wenn man es bei diesem einen Versuch und dieser einen Beobachtung bewenden läßt oder anders ausgedrückt, wenn man auf Kontrollversuche verzichtet. Wasmann veränderte nun aber bei einem zweiten Versuch die Versuchsbedingungen derart, daß er das Uhrglas nur mit Wasser füllte, es fehlten also die Puppen und die Insel. Die Ameisen „schlugen" aber trotzdem ebenfalls „Brücken", d. h. sie füllten die Schale mit Sandkörnern auf, obwohl gar keine Insel da war. Zu diesen beiden Versuchen bemerkt Wasmann: „Wir dürfen daraus schließen, daß die Ameisen auch das erstemal nicht die Absicht verfolgten, eine Brücke zu bauen, sondern bloß die unangenehme Feuchtigkeit zu beseitigen, die ihnen den Weg versperrte." Das Ausfüllen des Uhrglases war also nicht durch ein „Schlußvermögen" der Ameisen bedingt, sondern lediglich durch deren Reinlichkeitstrieb, der sie veranlaßt, alle unangenehmen Dinge mit Sand zu bedecken. Der Ausdruck „Brücken bauen" enthält daher eine ganz unberechtigte Vermenschlichung.

Ein anderes sehr lehrreiches und auch die Allgemeinheit lebhaft interessierendes Beispiel für die falsche und richtige Anwendung der tierpsychologischen Methodik kann uns das Polizeihundewesen liefern. In den Tageszeitungen und in der Öffentlichkeit werden die merkwürdigen Leistungen der Polizeihunde im Ermittlungsdienste vielfach besprochen. Wohnen wir einer sogenannten Polizeihundprüfung bei, wozu man heute wohl in jeder größeren Stadt Gelegenheit hat, so können wir folgendes beobachten: Ein Mann, der den Verbrecher darstellt, der sogenannte Scheinverbrecher, begeht irgendeine Handlung, vielleicht etwa einen scheinbaren Diebstahl; dabei hinterläßt er einen Gegenstand am Tatort, z. B. ein Messer, und verschwindet dann über die Straße in einen nahen Wald, wo er sich hinter einem Gebüsch versteckt. Kurz darauf erscheint ein Kriminalbeamter mit seinem Polizeihund, um den Täter zu ermitteln. Die Vorführung verläuft glatt und vollständig programmäßig. Dem Hunde wird zwecks Witterungsnahme das Messer vor die Nase gehalten und der Hund nimmt darauf die Spur über die Straße nach dem nahen Wald auf, wo er unter dem großen Beifall der Zuschauer den Scheinverbrecher hinter dem Gebüsch aufstöbert und stellt. Die Zuschauer sind von der großen Leistungsfähigkeit dieses Hundes und von der wichtigen Bedeutung der Polizeihunde für den Ermittlungsdienst überzeugt, und die Zeitungen bringen am nächsten Tage einen glänzenden Bericht über die Erfolge der Hunde und ihrer Führer. Wie stellt sich aber der kritisch und methodisch geschulte Tierpsychologe zu dieser „gut gelungenen" Vorführung? Zunächst wird er in dieser Vorführung keinen Beweis für die Brauchbarkeit der Polizeihunde im Ermittlungsdienste erblicken können, da sie ihm ja gar keinen Einblick gestattet in die Bedingungen, unter denen der Hund arbeitet und bisher gearbeitet hat. Die Vorführung wurde vielleicht schon an den vorhergehenden Tagen auf demselben Platze mit demselben Scheinverbrecher und unter Zugrundelegung desselben Tatbestandes eingeübt, die Möglichkeit einer, wenn auch unbewußten Beeinflussung[1]) des Hundes durch den Führer, dem — entgegen den wirklichen Verhältnissen des Ernstfalles — ja der ganze Tatbestand und die von dem Hunde zu lösende Aufgabe schon bekannt sind, erscheint keineswegs ausgeschlossen, so daß es sich bei dieser glänzend abgelaufenen Polizeihundevorführung auch nur um bloße Scheinleistungen handeln kann. Die Frage, wie sich der Hund unter anderen Bedingungen verhält, als sie bei den Dressurübungen vorhanden waren, insbesondere die Frage, wie sich der Hund unter den ganz anderen Bedingungen des Ernstfalles verhält, wird durch eine derartige Vorführung weder berührt noch viel weniger gelöst. Wie verhält sich der Hund, wenn er den Scheinverbrecher und dessen Anzug überhaupt noch nie gesehen, wenn verschiedene Personen in Betracht kommen können, die alle am Tatort waren, aber auf verschiedenen Wegen den

1) Solche unbewußte Beeinflussungen der Tiere werden besonders im Abschnitt VI. behandelt.

Tatort verlassen haben? Wie verhält sich der Hund auf gänzlich ihm unbekannten Gelände? Wie verhält sich endlich der Hund, wenn weder dem Führer noch irgendeinem Zuschauer der Verbrecher bekannt ist? Alle diese Fragen kann uns diese vorher eingeübte Vorführung, die den Bedingungen des Ernstfalles keineswegs entspricht, nicht beantworten. Wir müßten vielmehr, um über die wirkliche Leistungsfähigkeit der Polizeihunde im Ermittlungsdienste ein klares Bild zu bekommen, eine ganze Reihe von Versuchen machen, wobei wir, entsprechend den Regeln der Variationsmethode, mit den Versuchsbedingungen beständig wechseln und diese aber vor allem so gestalten, wie sie dem Ernstfalle entsprechen. Wenn man die Versuche kritisch und nach den Methoden der wissenschaftlichen Tierpsychologie anstellt, so kommt man, wie Most und Pfungst [103] festgestellt haben[1]), zu ganz anderen Resultaten, als sie eine Polizeihundevorführung uns zu liefern vermag.

Führung von Protokollen. Bei allen tierpsychologischen Beobachtungen und Versuchen ist stets ein genaues Protokoll zu führen, da man sich unmöglich auf sein Gedächtnis verlassen kann. Außerdem lassen sich sonst hinterher die Versuchsbedingungen gar nicht mehr übersehen. Ein Abrichter wollte einmal die mangelhaften Leistungen seines Hundes auf zu große Lufttrockenheit zurückführen. Da aber die Luftfeuchtigkeit gemessen wurde und das Protokoll genaue Angaben darüber enthielt, konnte dieser Einwand als nicht stichhaltig zurückgewiesen werden; denn die Luftfeuchtigkeit und die Temperatur waren laut Protokoll derart, daß sie die Arbeit des Hundes nicht unmöglich machten. Die schriftlichen Aufzeichnungen sind aber vor allem deshalb wichtig, um nachher die Versuche und ihre Ergebnisse einer Kritik unterziehen zu können. Denn ohne vorliegendes genau geführtes Protokoll läßt sich eine tierpsychologische Beobachtung, die irgend jemand irgendwo gemacht hat, später gar nicht mehr richtig beurteilen. Der Tierpsychologe muß deshalb die Erklärung von Beobachtungen, die zufällig irgendwo gemacht wurden, und über

1) Vgl. Abschnitt IX, S. 115.

die keine schriftlichen genauen Aufzeichnungen vorliegen — wie dies so häufig geschieht — im allgemeinen ablehnen. Die Protokolle können nie genau genug sein. Ein scheinbar zunächst vielleicht ganz unwesentlicher Begleitumstand kann unter Umständen von großem Einfluß auf die Leistungen des Tieres sein. Als Beispiele für gute Protokolle führe ich die Protokolle an über die Prüfung von Polizeihunden, die in dem Werk von Most: „Leitfaden für die Abrichtung des Polizei- und Sanitätshundes auf wissenschaftlicher Grundlage" [103] wiedergegeben sind. Die Arbeiten von Pfungst [90] und Marbe [102] enthalten ebenfalls lehrreiche Beispiele für gute Protokollführung.

Spezielle tierpsychologische Untersuchungsmethoden. Die verschiedenen tierpsychologischen Untersuchunsmethoden hat Claparède [65] übersichtlich zusammengestellt. Schlußfolgerungen auf das Seelenleben der Tiere lassen sich ziehen: 1. aus dem Studium des Baues des Tieres und 2. aus dessen Verhalten. Auf die erstgenannte tierpsychologische Forschungsmethode hat besonders Edinger [10] hingewiesen. Aus dem Bau des Nervensystems und der Sinnesorgane lassen sich vielfach auch Rückschlüsse auf die psychischen Fähigkeiten ziehen; insbesondere gilt dies für das Gebiet der Sinneswahrnehmungen, die doch in erster Linie durch den Bau der Sinnesorgane bedingt sind. Beobachten wir z. B. bei einem Wirbeltier, daß das sog. Riechzentrum des Gehirnes besonders groß ist, so kann man mit einem hohen Grad von Wahrscheinlichkeit sagen: Das betreffende Tier hat einen gut ausgebildeten Geruchssinn. (Abb. 1.) Über die Bedeutung dieser sogenannten anatomischen Methode für die Tierpsychologie sagt Edinger folgendes: „Das ideale Ziel hirnanatomischer Forschung ist ein sehr hochgestelltes. Wir möchten das Organ, an das die Seelenvermögen gebunden sind, so gut kennen, daß wir seine Leistungsmöglichkeiten voraussagen können, und daß wir da, wo die Beobachtung unmöglich ist — das gilt ja im wesentlichen für einen guten Teil der niederen Vertebraten (Wirbeltiere) — eben diese Leistungsmöglichkeit zum Ersatz haben." Goltz hat mit Hilfe dieser anatomischen Methode festgestellt, daß ein großhirnloser Hund keinen Trieb zum Weib-

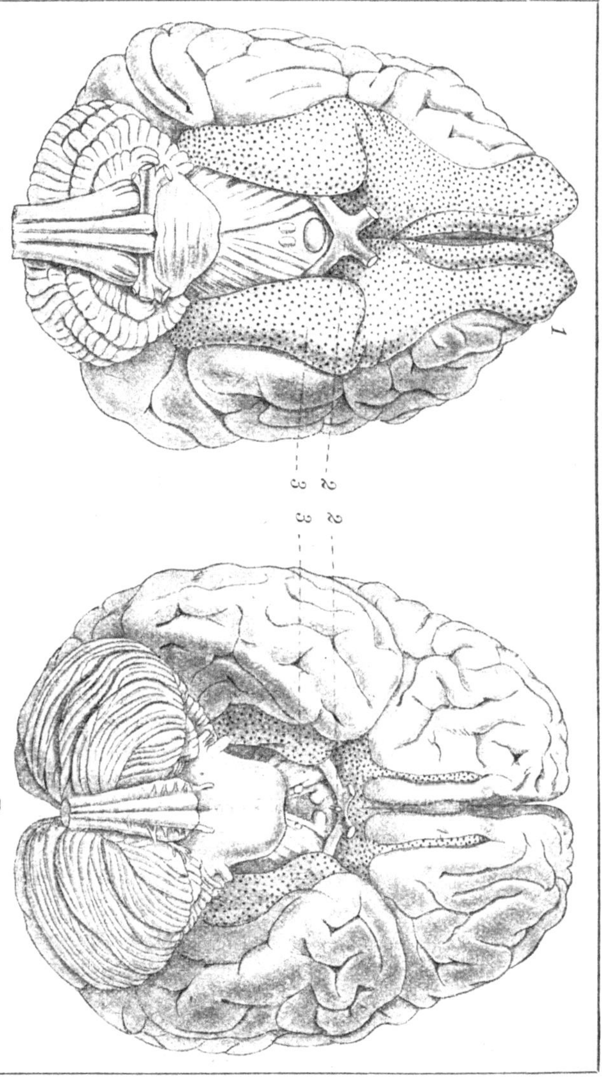

Abb. 1. Gehirn vom Hund (*A*) und vom Menschen (*B*) von der Unterseite zur Vergleichung der Riechzentren, die durch Punktierung hervorgehoben sind. Nach Gegenbaur und Hesse. 1 Riechkolben, 2 Ammonshorngebiet, 3 Sehnervkreuzung.

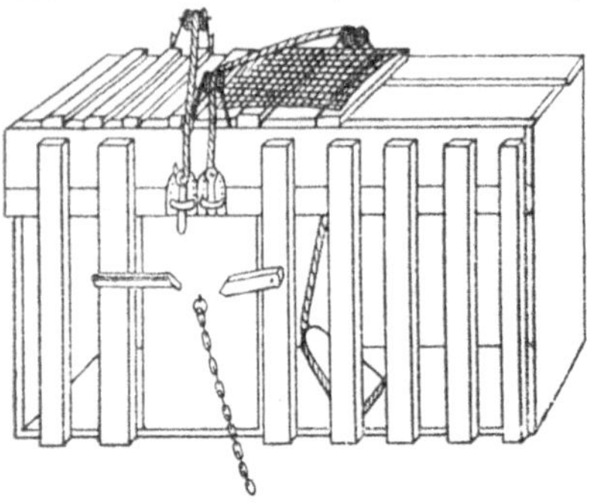

Abb. 2. Vexierkasten. Nach Thorndike und Claparède. Aus Handwörterbuch d. Naturwissenschaften, Bd. IX. G. Fischer, Jena.

chen zeigt. Nach Entfernung des vorderen Hirnteiles kann ein Hund keine Pfote mehr reichen.

Bei der zweiten Forschungsmethode, wo es sich darum handelt, die Bedingungen für das Verhalten der Tiere mit Hilfe des Experiments festzustellen, können wir zwei Wege einschlagen. Wir können untersuchen, ob ein Tier ihm dargebotene Reize wahrnimmt oder rezipiert, oder wie es sich unter bestimmten Bedingungen verhält, wie es Erfahrungen macht, Gewohnheiten annimmt, lernt usw. Die erste Versuchsmethode nennt Claparède analytisches oder Einwirkungsverfahren. Man läßt auf ein Tier verschiedene Reize einwirken und beobachtet, ob und auf welche Reize es reagiert. Mit dieser Methode kann man z. B. folgende Fragen zu beantworten suchen: Unterscheiden die Insekten Farben? Hören die Fische? Die zweite Versuchsmethode, mit deren Hilfe festgestellt werden soll, wie ein Tier zu dem bestimmten Verhalten kommt, wie es lernt, Gewohnheiten annimmt usw., wird als synthetisches Verfahren oder Handlungsverfahren bezeichnet. Hierher gehört z. B. das Experimentieren mit dem sogenannten Vexierkasten [5] (Abb. 2) und Labyrinth (Abb. 3). Man sperrt das Tier in einen Kasten, dessen Tür nur durch besondere Kunst-

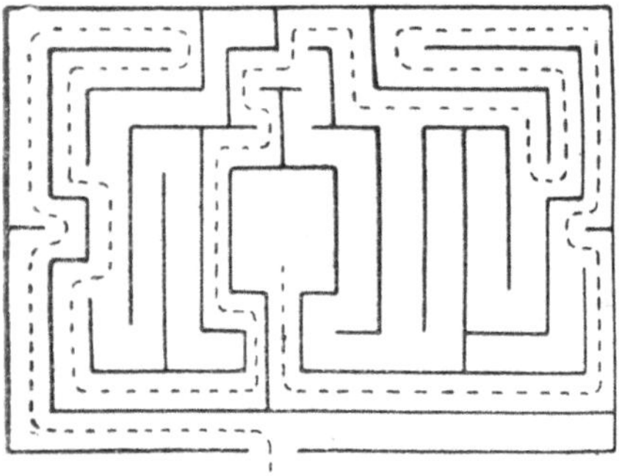

Abb. 3. Labyrinth; das Tier wird in die Mitte gesetzt und muß den Ausgang finden. Nach Claparède. Aus Handwörterbuch d. Naturwissenschaften, Bd. IX. G. Fischer, Jena.

griffe geöffnet werden kann. Man wiederholt dann denselben Versuch, und mißt jedesmal die Zeit, welche das Tier braucht, um ins Freie zu gelangen. Nähere Angaben über spezielle Forschungsmethoden finden sich in den betreffenden Abschnitten.

Qualitative und quantitative Verwertung der Versuchsergebnisse. Mit dem exakten Experimentieren ist aber die tierpsychologische Methodik noch nicht erschöpft. Vielmehr beginnt jetzt erst die schwierige Arbeit. Die beobachteten Tatsachen müssen nun zusammengestellt, miteinander verglichen und gedeutet werden. Die Verarbeitung des Beobachtungsmateriales kann entweder nur eine qualitative oder auch eine quantitative sein. Bei dem oben beschriebenen Wasmannschen Uhrglasversuch handelt es sich z. B. um eine rein qualitative Deutung. Wir wollen die Ursache des „Brückenbauens" feststellen und haben diese Ursache in dem Reinlichkeitsinstinkt der Ameisen gefunden; Maße und Zahlen spielen bei diesem Versuch und seiner Auswertung keine Rolle. Anders verhält es sich dagegen bei der quantitativen Verarbeitung der Versuche. Diese bedient sich der Wahrscheinlichkeitsrechnung [1]) und Statistik.

Anlage von Tabellen und Berücksichtigung der Wahrscheinlichkeitsrechnung. Die Wahrscheinlichkeitsrechnung spielt überall dort in tierpsychologische Probleme herein, wo es sich um sogenannte „Zufallstreffer" handeln kann. Ein Beispiel mag dies näher erläutern. Es sind schon öfters Fälle beobachtet worden, wo Tiere, z. B. Hunde, sich auf weite Strecken wieder nach Hause gefunden haben, ohne daß ihnen der Weg vorher bekannt war. Diese Tatsache gab nun schon oft Veranlassung, einen geheimnisvollen Orientierungssinn anzunehmen. Dieses Problem löst sich vielmehr mit Hilfe der Wahrscheinlichkeitsrechnung. Unter einer großen Anzahl von Versagern, die uns nicht auffallen, ist eine kleine Zahl zufälliger Treffer, die natürlich unsere Aufmerksamkeit ganz besonders beanspruchen. Wie viele Hunde usw. sind schon entlaufen, ohne sich wieder nach Hause zu finden! Diese negative Seite des

1) Vgl. Suppantschisch, Einführung in die Wahrscheinlichkeitsrechnung. ANuG Bd. 580.

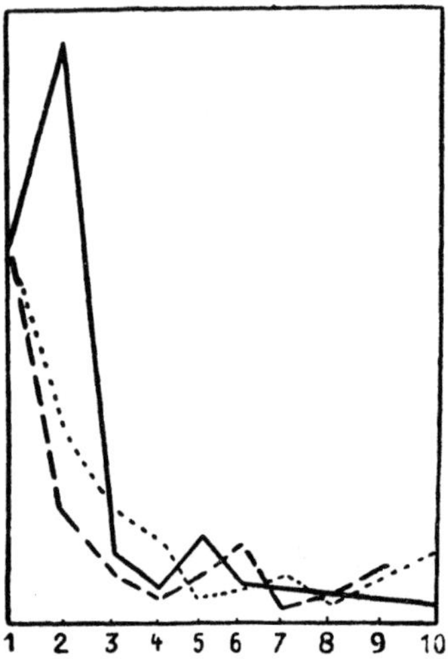

Abb. 4. Kurven der Lerngeschwindigkeit des Labyrinths: —— von einem Affen, — — — von einer weißen Ratte, ······ von einem Sperling. Auf der horizontalen Geraden (Abszisse) sind die aufeinanderfolgenden Versuche (1, 2, 3 usw.) angegeben, auf der vertikalen Geraden (Ordinate) die Zeit, welche das Tier braucht, um aus dem Labyrinth zu entkommen. Nach Claparède. Aus Handwörterbuch d. Naturwissenschaften, Bd. IX. G. Fischer, Jena.

Orientierungsproblems wird aber stets sehr vernachlässigt. Oft ist es der Übersicht wegen unumgänglich nötig, die Versuchsergebnisse in einer Tabelle zusammenzustellen, um dann auf Grund der Wahrscheinlichkeitsrechnung die Versuchsresultate zu deuten. Eine Versuchsreihe, die ich zur Erläuterung dieser Methode schon öfters anstellte, mag als Beispiel für eine solche statistische Zusammenstellung [1]) dienen. Ein Hundebesitzer erklärte mir, daß sein Hund den Gegenstand, der einer bestimmten, dem Hunde nicht bekannten Person gehört, unter verschiedenen gleichen Gegenständen herausfindet. Zum Beweise dafür, legte er einen Handschuh von mir auf den Boden des Zimmers in Abwesenheit des Hundes. Bevor der Hund in das Zimmer eingelassen wurde, mußte ich ihm zwecks Witterungsnahme die Hand vor die Nase halten. Der Hund wurde in das Zimmer geführt und fand auch alsbald den am Boden liegenden Handschuh, den er dann apportierte. So ausgeführt, beweist aber der Versuch gar nichts. Ich ließ deshalb die Versuche folgendermaßen durchführen. Im Zimmer legte ich fünf Taschentücher aus, welche fünf dem Hunde fremden Personen gehörten. Eine Person nach der anderen machte nun mit dem Hunde den Versuch. Um auch eine unabsichtliche Beeinflussung des Hundes auszuschließen, durfte der Hundebesitzer nicht wissen, welche Person dem Hunde Witterung gab; außerdem wurde nach jedem Versuch die Lage der Taschentücher gewechselt.

1) Die übrigen notwendigen Protokollangaben sind hier weggelassen, da ja nur die Auswertung von Versuchsergebnissen erläutert werden soll.

Die Versuchsergebnisse stelle ich in der folgenden Tabelle zusammen, wobei die Versuchspersonen mit A, B, C, D und E bezeichnet sind:

Nr. des Versuchs	Es gab dem Hund Witterung	Der Hund nahm auf das Taschentuch von	Treffer	Versager
1	B	D	0	1
2	E	E	1	0
3	C	B	0	1
4	A	E	0	1
5	D	C	0	1
6	D	D	1	0
7	C	E	0	1
8	A	C	0	1
9	E	B	0	1
10	B	A	0	1
		Summe	2	8

Die Zahl der Treffer beträgt 2, die Zahl der Versager 8. Nun ist die Wahrscheinlichkeit dafür, daß der Hund „rein zufällig das richtige Taschentuch aufnimmt", $^1/_5$, das heißt durchschnittlich muß jeder 5. Versuch gelingen. Unter 5 Versuchen müßten schon nach der Wahrscheinlichkeitsrechnung etwa 1 Treffer, unter 10 Versuchen 2, unter 15 Versuchen 3, unter 100 etwa 20 Treffer sein; also nach der Wahrscheinlichkeitsrechnung müssen durchschnittlich etwa $^1/_5$ der Versuche Treffer sein, was sich aus unserer Tabelle ergibt, wo unter 10 Versuchen 2 Treffer sind. Wären die Versuche schon nach dem zweiten Versuch abgebrochen worden, so hätte dies ein ganz falsches Bild von den Leistungen des Hundes ergeben. Aus dieser Versuchsreihe ergab sich also, daß die Treffer sich schon auf Grund der Wahrscheinlichkeitsrechnung ergeben und nicht etwa auf Grund besonderer Fähigkeiten des Hundes. Sehr lehrreiche Beispiele für solche tabellarische Zusammenstellungen von Versuchsergebnissen und ihrer Auswertung enthalten die Arbeiten von Pfungst über den „Klugen Hans" [90] und von Marbe über den Schimpansen Basso [102]. Vielfach werden die Versuchsergebnisse auch graphisch dargestellt, wobei man dann unter Umständen ein recht lehrreiches und anschauliches Bild erhält. (Abb. 4.)

Einordnung des Beobachtungsmaterials in ein wissenschaftliches System. Neben der Auswertung der Versuchsergebnisse kommt es aber noch darauf an, die beobachteten und erschlossenen Tatsachen in ein geschlossenes wissenschaftliches System einzuordnen; wir müssen sie im Zusammenhang mit anderen bekannten Tatsachen bringen, wir müssen sie richtig deuten und erklären. Wie wir im ersten Kapitel gesehen haben, können dabei zwei Wege eingeschlagen werden: Entweder erklärt man das Verhalten der Tiere rein physiologisch, oder man erkennt auf Grund des Analogieprinzips auch psychische Erlebnisse, wie Wahrnehmungen, Erinnerungsvorstellungen und deren Verknüpfung, Lust- und Unlustgefühle usw. als mitbestimmende Faktoren bei dem Verhalten der Tiere an. Für den Tierpsychologen ist dieser letztere Weg durchaus gangbar und Erfolg versprechend, wie die Entwicklung der modernen wissenschaftlichen Tierpsychologie gelehrt hat. Nur muß er sich dabei immer vor vermenschlichenden Interpretationen hüten, was am leichtesten dann geschieht, wenn er die Deutung und Erklärung des Beobachtungsmateriales vom Standpunkt des Tieres aus zu gewinnen sucht. Vor allem muß er sich dabei von dem obengenannten Sparsamkeitsprinzip leiten lassen, indem er stets mit den einfachsten psychischen Vorgängen bei der Erklärung auszukommen sucht. Ein Beispiel, das Claparède [27] berichtet, mag dies noch näher erläutern: „So behauptete eine Zeitung, die die Rettung eines ins Wasser gefallenen Kindes durch einen Neufundländer erzählte, daß diese Handlung wieder einmal die Intelligenz und Hingabe der Hunderasse beweise. Nun hatte sich dieser Zwischenfall in folgender Weise zugetragen, wie dieselbe Zeitung erzählt: Der Hund näherte sich dem Kinde, ergriff dessen Hut und brachte ihn ans Ufer, nachher erst ging der Hund, das Kind selbst zu suchen. Es ist augenscheinlich, daß der Hund in dem Falle nicht aus Intelligenz gehandelt hat, aber kraft einer Neigung oder Gewohnheit zu apportieren."

Die wichtigsten Fehlerquellen. Die hauptsächlichsten Fehler, die bei der Beschäftigung mit tierpsychologischen Problemen vorkommen, sind demnach folgende: 1. Falsche Beobachtung. 2. Unterlassung von Kontrollversuchen. 3. Kritiklose Auswertung der Versuchsergebnisse infolge Unkenntnis der Wahrscheinlichkeitsrechnung und Statistik. 4. Falsche Deutung des Beobachtungsmateriales infolge einer vermenschlichenden Auffassung der in den Tieren ablaufenden psychischen Vorgänge. 5. Gebrauch einer falschen Terminologie infolge mangelhafter Vertrautheit mit der Psychologie. 6. Nichtbeachtung der von dem Beobachter oder Abrichter und der Umgebung auf das Tier einwirkenden Reize.[1]) Häufig handelt es sich auch um Kombinationen dieser Fehler.

III. Reizreaktionen der Tiere.

Damit das Tier gegenüber den verschiedenen günstigen und ungünstigen Einflüssen seiner Umgebung sich jederzeit so verhalten kann, daß seine Erhaltung gesichert und eine Gefährdung möglichst vermieden wird, bedarf es gewisser Einrichtungen, wodurch ihm eine Veränderung der Bedingungen, unter denen es steht, angezeigt wird. Wir wissen, daß z. B. zu hohe oder zu niedere Temperatur die lebendige Substanz schädigt oder gar zerstört. Jedes Tier muß also die Möglichkeit haben, auf solche Temperaturunterschiede rechtzeitig zu reagieren, um sich schädlichen Wirkungen zu entziehen.

Begriff des Reizes und der Reizbarkeit. Solche Veränderungen in den Bedingungen, welche auf die lebendige Substanz einwirken, werden allgemein als Reize bezeichnet. Unter Reiz versteht man demnach jede Einwirkung auf das lebendige Protoplasma.[2]) An jedem Reiz lassen sich unterscheiden: 1. seine Qualität oder Beschaffenheit, 2. seine Intensität oder Stärke und 3. seine Dauer. Die Einteilung der Reize geschieht am zweckmäßigsten nach der Energieform, in der sie auf die Lebewesen einwirken. Danach lassen sich die Reize zunächst in physikalische und chemische Reize

---

1) Über diese bedeutsame Fehlerquelle vgl. besonders Abschnitt VI.
2) Protoplasma ist die Substanz in den lebenden Zellen, an welcher die Lebensvorgänge sich abspielen. Vgl. Miehe: Allgemeine Biologie. ANuG Bd. 130.

gruppieren. Die physikalischen Reize zerfallen in mechanische (Stoß-, Druck-, Zug-, Berührungs-)Reize, wozu auch die Tonschwingungen gehören, in thermische (Wärme-) Reize, in photische (Licht-) oder optische Reize und in elektrische Reize. Die Fähigkeit des Protoplasmas, auf Reize zu reagieren, bezeichnet man als Reizbarkeit. Sie ist eine Grundeigenschaft aller lebendigen Substanz. Für die Tierpsychologie kommen jedoch nicht alle Reize in Betracht, welche auf das lebendige Protoplasma der Zellen einwirken. Die Reize, welche z. B. auf die Zellen des Darms ausgeübt werden, interessieren den Tierpsychologen weniger. Für ihn kommen hauptsächlich jene äußeren Einwirkungen auf den Körper in Frage, die wir beim Menschen als „Sinnesreize" bezeichnen, und die außer den im Innern wirksamen Reizen das Verhalten der Tiere beeinflussen.

Reizreaktionen der Urtiere. Bei den einzelligen Tieren besitzt das Protoplasma eine große Empfindlichkeit gegen die verschie-

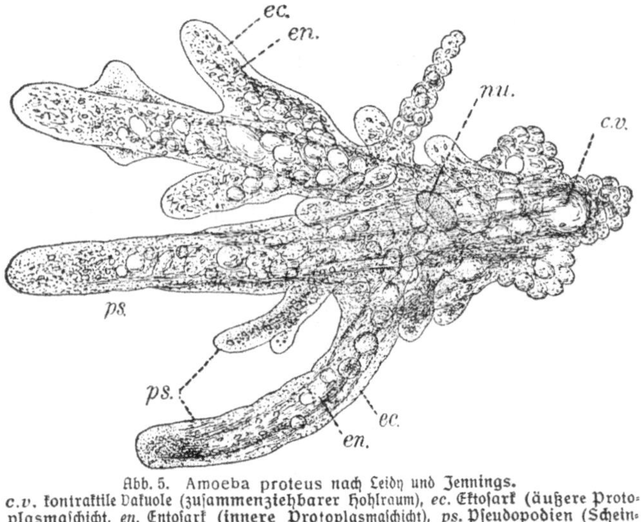

Abb. 5. Amoeba proteus nach Leidy und Jennings.
c.v. kontraktile Vakuole (zusammenziehbarer Hohlraum), *ec.* Ektosark (äußere Protoplasmaschicht, *en.* Entosark (innere Protoplasmaschicht), *ps.* Pseudopodien (Scheinfüßchen), *nu.* Zellkern.

densten äußeren Reize. Die **Reaktionen**, d. h. die Bewegungen, welche bei den Protozoen (Urtieren) durch die verschiedensten äußeren Reize ausgelöst werden, wurden in den letzten Jahren eingehend untersucht. In seinem geradezu klassischen Werke: „Die niederen Organismen, ihre Reizphysiologie und Psychologie" hat Jennings [68] das Verhalten der niederen und niedersten Lebewesen gegenüber den verschiedensten äußeren Bedingungen klar und kritisch dargestellt. Es hat sich gezeigt, daß schon die nackte Protoplasmamasse einer Amöbe[1]) (Wechseltierchens) (Abb. 5) auf alle Reize (mechanische, thermische, optische, elektrische und chemische) reagiert, auf welche auch die höheren Tiere reagieren. Berührt man eine unter dem Mikroskop liegende Amöbe mit einem zu einer feinen Spitze ausgezogenen Glasstäbchen, so bewegt sich das Tier in einer anderen Richtung als in jener, aus welcher der Reiz kommt, es führt eine **negative Reaktion** aus, d. h. es bewegt sich von der Reizquelle weg. (Abb. 6.) Nicht jeder mechanische Reiz bewirkt eine nega-

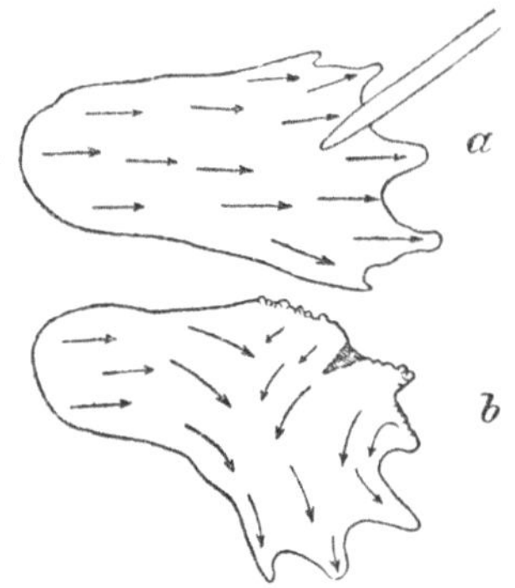

Abb. 6. Negative Reaktion der Amöbe auf mechanische Reizung. Eine Amöbe, die sich in der durch die Pfeile bezeichneten Richtung fortbewegt, wird an ihrem Vorderende, mit der Spitze eines Glasstäbchens (*a*) gereizt. Daraufhin zieht sich diese Stelle ein, die Strömungen ändern sich und ein neues Scheinfüßchen wird vorgestreckt (*b*). Nach Jennings.

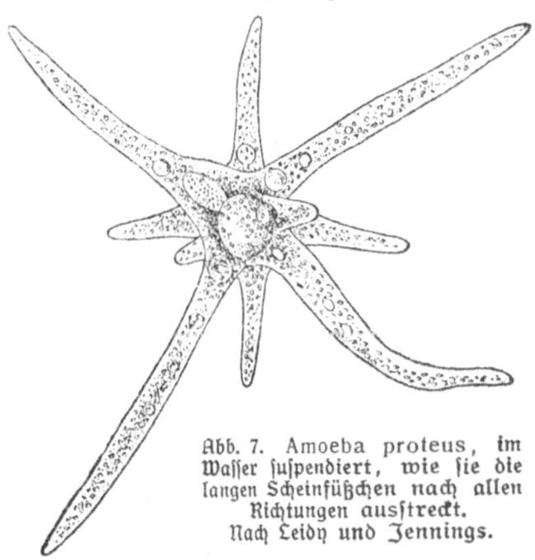

Abb. 7. Amoeba proteus, im Wasser suspendiert, wie sie die langen Scheinfüßchen nach allen Richtungen ausstreckt. Nach Leidy und Jennings.

1) Die Amöben sind einzellige, nackte Protoplasmaklümpchen, die sich dadurch fortbewegen, daß sie abwechselnd Protoplasmalappen (Scheinfüßchen) ausstrecken und einziehen. Sie bewohnen meist den Grund stehender Gewässer. Vgl. Goldschmidt, Urtiere. ANuG Bd. 160.

tive Reaktion. Schwebt eine Amöbe frei im Wasser, so steht sie unter sehr ungünstigen Bedingungen, weil sie so keine Nahrung aufnehmen kann. Sie streckt nun zunächst ihre Pseudopodien (Scheinfüßchen) aus (Abb. 7), wodurch die Wahrscheinlichkeit, mit einem festen Körper in Berührung zu kommen, sehr viel größer wird. Trifft eines von den Pseudopodien auf einen festen Körper (Abb. 8a), so beginnt eine Protoplasmaströmung in dieser Richtung (Abb. 8b),

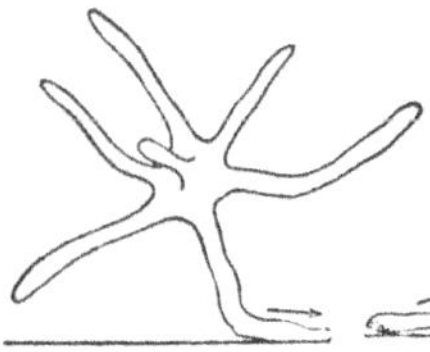

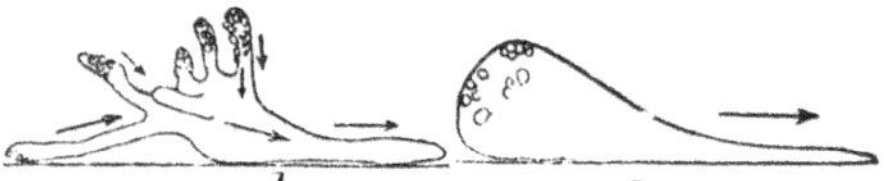

a *b* *c*

Abb. 8. Die Art, wie eine schwimmende Amöbe auf einen festen Körper übergeht. Nach Jennings.

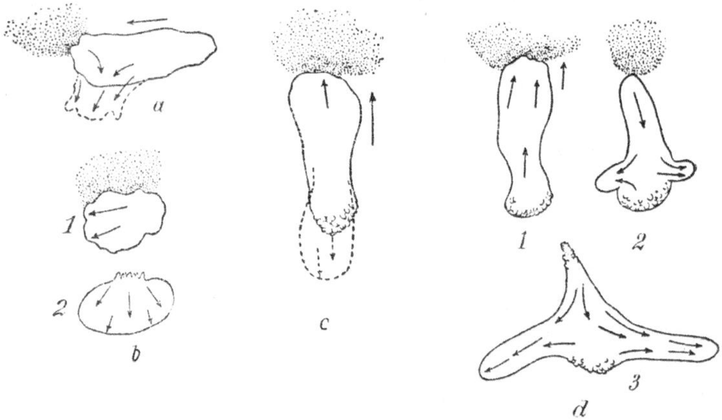

Abb. 9. Variationen der Reaktionen der Amöbe auf chemischen Reiz. Die punktierte Zone bedeutet jedesmal die diffundierende chemische Substanz. Die Pfeile zeigen die Richtung der Protoplasmaströme. *a* Etwas Methylgrün diffundiert gegen das Vorderende einer Amöbe. Diese reagiert mit Ausstrecken eines neuen Scheinfüßchens auf einer Seite des Vorderendes und Fortbewegung in der dadurch bestimmten Richtung. *b* Eine Lösung von Kochsalz diffundiert gegen die rechte Seite einer kriechenden Amöbe (1). Die getroffene Seite zieht sich ein und runzelt sich stark, während sich die entgegengesetzte Seite ausbreitet (2) und die Strömung fließt, wie die Pfeile zeigen. *c* Eine Lösung von Kochsalz diffundiert gegen das Vorderende einer kriechenden Amöbe. Ein breites Scheinfüßchen, wie es die punktierte Linie andeutet, dringt aus dem hinteren Teil über dem Ende hervor, und der Kurs kehrt sich um. *d* Eine Lösung von Methylenblau diffundiert gegen das Vorderende einer Amöbe (1). Daraufhin wird auf jeder Seite des Hinterendes im rechten Winkel zur ursprünglichen Fortbewegungsrichtung ein Scheinfüßchen vorgestreckt (2), und in diese zieht sich die ganze Masse des Tieres hinein (3). Nach Jennings.

bis der ganze Körper den festen Körper berührt (Abb. 8c). Eine solche Bewegung gegen die Reizquelle hin wird *positive Reaktion* genannt. Auch gegenüber chemischen Reizen erfolgt eine Reaktion, wie Abb. 9 zeigt, wo man der Reihe nach Methylgrün, Kochsalz (NaCl) und Methylenblau auf die Amöbe einwirken ließ. Die Amöbe zeigt gegenüber Veränderungen in der chemischen Beschaffenheit ihrer Umgebungsflüssigkeit *negative Reaktion*, sie bewegt sich stets von der Stelle weg, wo sich das Wasser von dem gewohnten unterscheidet. Ebenso zeigt die Amöbe eine negative Reaktion, wenn man sie einseitig erwärmt, sie ist also gegen thermische Reize empfindlich. Auf starke Lichtreize, wenn man z. B. die Amöbe von einer Seite mit der Sonne bestrahlt, was man durch entsprechende Stellung des Mikroskopspiegels leicht erreichen kann, reagiert die Amöbe ebenfalls negativ; sie hat eine besondere Vorliebe für das Dunkle und liebt besondere Helligkeit nicht. Leitet man durch das umgebende Wasser einen konstanten elektrischen Strom, so zieht sich die Seite, welche auf der Seite des positiven Poles liegt zusammen, während sie auf jener Seite, die dem negativen Pol zugewendet ist, ein Scheinfüßchen hervorstreckt und dann gegen den negativen Pol (Kathode) weiterkriecht. (Abb. 10.) Das Verhalten der Amöbe wird jedoch nicht ausschließlich durch von außen einwirkende Reize bedingt, sondern es hängt auch noch von *inneren Faktoren* ab, von Bedingungen, die im Protoplasma der Zelle vorhanden sind. Bei der ne-

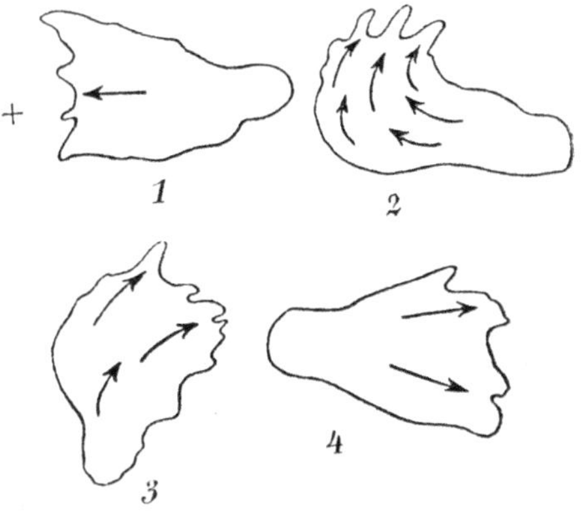

Abb. 10. Reaktion der Amöbe auf elektrischen Reiz. Die Pfeile zeigen die Richtung der Protoplasmaströmung; bei 1 ist die Fortbewegungsrichtung vor der Einwirkung des elektrischen Stromes angedeutet. 2, 3, 4 zeigen aufeinanderfolgende Stellungen nach der Durchleitung des elektrischen Stromes durch das Präparat. Nach Jennings.

gativen Reaktion ist die Entfernung von der Reizquelle durch die Richtung des äußeren Reizes bedingt, dagegen ist das Ausstrecken eines Scheinfüßchens in einer neuen Richtung auf innere, im Protoplasma wirksame Faktoren zurückzuführen. Jennings [68] faßt seine Untersuchungsergebnisse folgendermaßen zusammen: „Wir können die verschiedenartigen Veränderungen in dem Verhalten auf Reize in drei Hauptarten einteilen, die wir als die positive, die negative und die Nahrungsreaktion bezeichnen wollen. . . . Sie sind aber nicht starr und unveränderlich, vielmehr kann sich jede unter verschiedenen Bedingungen in ihren Einzelheiten verändern. Man kann aber die Bewegungen, die bei diesen Reaktionen erfolgen, sicher nicht einfach direkt auf die physikalische Wirkung der Reize, die sie hervorrufen, zurückführen, vielmehr erfolgen die Reaktionen, wie bei den höheren Tieren, so auch bei der Amöbe, indirekt, indem die äußeren Reize innere Veränderungen verursachen und erst diese die Bewegungen auslösen. Daher ist es unmöglich, die Bewegungen der Organismen allein aus der Kenntnis der direkten physikalischen Wirkungen vorherzusagen, die durch den betreffenden Reiz in ihrer Körpersubstanz hervorgerufen werden. Wodurch entscheidet es sich nun, ob die Reaktion, die auf einen gegebenen Reiz erfolgt, positiv oder negativ werden soll? Diese Frage berührt das Grundproblem des ganzen biologischen Verhaltens. Die Natur der physikalischen oder chemischen Wirkung eines Reizes bestimmt die Reaktion nicht allein, denn auf den gleichen Reiz hin können entgegengesetzte Reaktionen erfolgen, die von seiner Stärke oder verschiedenen anderen Umständen abhängen. Wenn wir es unternehmen wollten, eine chemische oder physikalische Einteilung der die Bewegungen der Amöbe bestimmenden Reize aufzustellen, so würde diese nicht mit der auf Grund der zu beobachtenden Reaktionen vorgenommenen Einteilung übereinstimmen. Doch sind die Faktoren, die eine negative Reaktion hervorrufen, im allgemeinen solche, die den Organismus auf die eine oder andere Weise schädigen, während die, welche positive Reaktionen auslösen, nützlicher Art sind. Jeder Reiz, der das Tier stark schädigt, wie eine stark wirkende chemische Substanz, Hitze oder ein mechanischer Insult, bringt die negative Reaktion hervor. Von der positiven Reaktion wissen wir dagegen, daß sie nur durch solche Faktoren, die dem Organismus nützlich sind, veranlaßt werden; sie helfen dem Tiere, feste Körper, auf denen es sich bewegen kann, zu finden, und bilden den Hauptfaktor auch bei der Gewinnung der Nahrung. Das Verhalten der Amöbe gestaltet sich also ganz im Sinne der Anpassung; es ist darauf gerichtet, dem Tiere das Leben zu bewahren und ihm bei der Aufrechterhaltung seiner normalen Lebensfunktionen zu helfen."

Reizaufnahme und Erregungsleitung bei den vielzelligen Tieren. Bei den Amöben werden die verschiedenen Reize der Außenwelt durch die gesamte Protoplasmamasse aufgenommen und die Erregung innerhalb der Zelle weitergeleitet. Die meisten einzelligen Tiere verhalten sich so wie die Amöbe, besondere Reizaufnahmestellen und Erregungsleitungsbahnen sind höchstens angedeutet. In dem Körper der vielzelligen Tiere findet dagegen eine Arbeitsteilung unter den Zellen statt, insofern als bei diesen ein besonderes Organsystem zur Ausbildung gelangt, welches die Funktion der Reizaufnahme und Erregungsleitung übernimmt: Das Nervensystem[1]) mit seinen Rezeptions- oder Sinnesorganen. An dem Nervensystem können wir folgende vier Teile unterscheiden: 1. Die Reizaufnahmestellen oder Sinnesorgane, 2. die sogenannten zentripetalen oder sensiblen Nerven, das sind jene Nerven, welche die Erregung von den Reizaufnahmestellen weiterleiten (z. B. der Sehnerv beim Menschen), 3. die Nervenzentren (z. B. Ganglion, Nervenzentren im Gehirn und Rückenmark), 4. die effektorischen oder zentrifugalen Nerven, welche die Erregung entweder nach den Muskeln leiten und dann motorische Nerven heißen, oder nach Drüsen und diese zur Ausscheidung (Sekretion)

1) Auf den anatomischen Aufbau des Nervensystems kann hier nicht eingegangen werden. Ich verweise auf die entsprechende Literatur, z. B. Hesse-Doflein, Tierbau und Tierleben und Zander, Vom Nervensystem. ANuG Bd. 48.

veranlassen und deshalb als *sekretorische Nerven* bezeichnet werden. Bei vielen niederen Tieren, z. B. bei den Hohltieren (Coelenteraten), sind die Nervenzellen über den ganzen Körper gleichmäßig verteilt (*diffuse* oder zerstreute Anordnung des Nervensystems). Die Erregung wird bei dieser Form des Nervensystems nach allen Seiten gleichmäßig weitergeleitet. Eine durchgreifende Scheidung in zentrifugale und zentripetale Bahnen ist

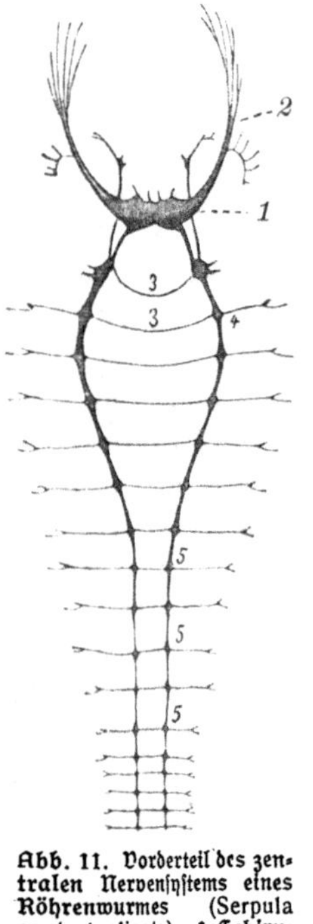

Abb. 11. Vorderteil des zentralen Nervensystems eines Röhrenwurmes (Serpula contortuplicata). 1 Gehirnganglion, 2 Nerven der Tentakelkrone, 3 Kommissuren zwischen zwei Ganglien desselben Segmentes, 4 vom Ganglion abgehender Nerv, 5 Ganglien des hinteren Wurmabschnitts. Nach de Quatrefages. Aus Hesse.

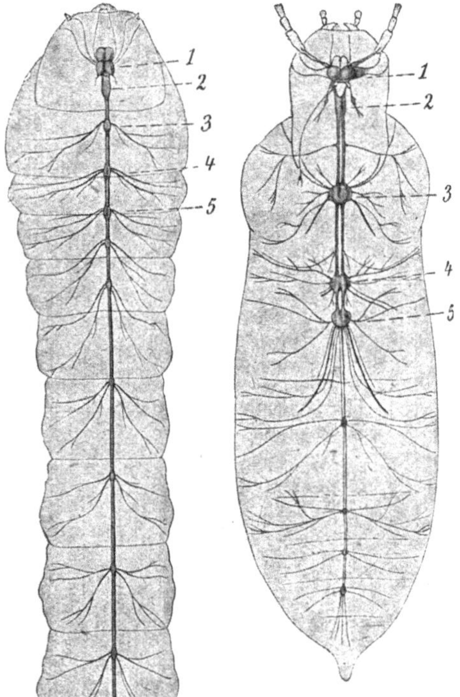

Abb. 12. Zentrales Nervensystem der Larve und des fertigen Tieres eines Bockkäfers (Clytus arcuatus L.). 1 Gehirnganglion, 2 Unterschlundganglion, 3, 4, 5 die Ganglien der drei ersten Körperringel. Nach Règne animal. Aus Hesse.

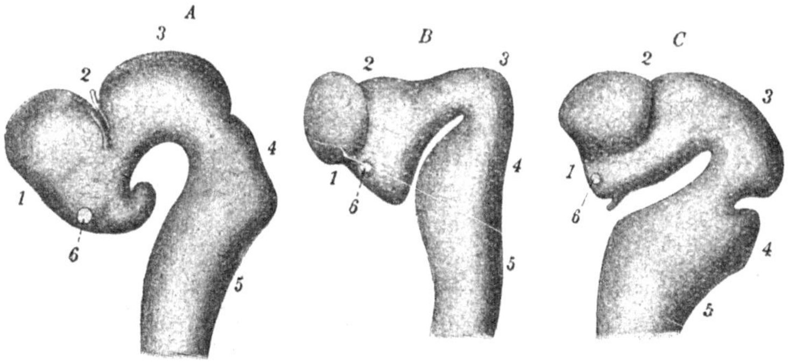

Abb. 13. Embryonale Gehirne von einem Haifisch (*A* Acanthias), einem Amphibium (*B* Ichthyophis) und einem Säuger (*C* Igel). 1 Vorderhirn, 2 Zwischenhirn, 3 Mittelhirn, 4 Hinterhirn, 5 Nachhirn, 6 Stiel des abgeschnittenen Augenbechers. Nach Kupffer, Burckhardt und Groenberg. Aus Hesse.

erst bei den Würmern durchgeführt. Dort finden wir schon die kompakte oder zentralisierte Form des Nervensystems. Die Nervenzellen sind in Ganglien oder Nervenknoten dicht zusammengedrängt. Vielfach sind diese Ganglien paarweise — entsprechend der Körpergliederung — angeordnet und durch sogenannte Längs- und Quernervenstränge (Kommissuren) miteinander verbunden. Hierher gehört z. B. das sogenannte Strickleiternervensystem der Würmer und Gliederfüßler. (Abb. 11 und 12.) Bei den Wirbeltieren und Manteltieren (Tunikaten) findet sich die sogenannte röhrenförmige Anordnung des Zentralnervensystems. Das Gehirn und das Rückenmark der Wirbeltiere kann man als zwei verschiedene Abschnitte einer Röhre auffassen. Das Gehirn läßt sich nicht scharf gegen das Rückenmark abgrenzen. An dem Wirbeltiergehirn lassen sich fünf Abschnitte unterscheiden: Vorderhirn, Zwischenhirn, Mittelhirn, Hinterhirn und Nachhirn. Das Nachhirn ist eine Verlängerung des Rückenmarks, weshalb es auch als verlängertes Mark bezeichnet wird. (Abb. 13.)

Was muß nun geschehen, damit eine Reizbeantwortung, eine Reizreaktion erfolgen kann? Es muß zunächst das Ende eines sensiblen oder zentripetalen Nerven gereizt werden. Der Nerv muß dann nach dem entsprechenden Zentrum die Erregung weiterleiten. Von dort aus wird dann der zentrifugale oder effektorische Nerv erregt, der dann eine Muskelbewegung oder Drüsenabscheidung bewirkt.

Begriffe des Reflexes. Eine solche einfache Reizreaktion, die jedesmal auf einen bestimmten Reiz hin eintritt, wird als Reflex bezeichnet. In der menschlichen Psychologie, aus welcher der Begriff ursprünglich entnommen wurde, wird das Wort Reflex vielfach in einem anderen Sinne gebraucht als in der Physiologie und Tierpsychologie. So sagt Wundt [5]: „Jede Empfindung hat, wenn sie von genügender Stärke ist und keine hemmenden Einwirkungen stattfinden, eine Muskelbewegung zur Folge. Man bezeichnet diese Muskelbewegung, solange bei ihr nicht irgendwelche psychische Vorgänge wirksam werden, als Reflexbewegung, weil bei ihr innerhalb der Zentralorgane des Nervensystems eine Übertragung der Nervenerregung von empfindungs- auf bewegungsleitende Fasern und von diesen auf die zugehörigen Muskeln, also gleichsam ein Zurückwerfen, ein Reflex des Reizes stattfindet." „Reflexe sind willkürliche Handlungen, die mechanisch geworden sind." Diese Begriffsbestimmung ist aber für die Tierpsychologie nicht verwendbar, da wir, je weiter wir in der Tierreihe herabsteigen, um so weniger etwas darüber aussagen können, ob mit den von der Physiologie als Reflexbewegungen bezeichneten Vorgängen psychische Begleiterscheinungen verbunden sind oder nicht. Es empfiehlt sich daher, den Begriff des Reflexes rein physiologisch aufzufassen, wobei dann die Frage nach den den Reflex begleitenden psychischen Vorgängen offen bleibt. Denn schon beim Menschen kommen sowohl „bewußte" als auch „unbewußte" Reflexe vor. Die Vergrößerung und Verkleinerung der Pupille des menschlichen Auges je nach der Helligkeit des Lichtes ist eine Reflexbewegung, die wir selbst nicht merken, deren wir uns nicht „bewußt" werden. Andere Reflexe, wie z. B. der sogenannte Patellar- oder Kniescheibenreflex [1]) kön-

1) Schlägt man mit der Kante der Hand gegen die Stelle etwas unterhalb des Knies eines Beines, das beim Sitzen leicht über das andere geschlagen wird, so erfolgt eine reflektorische Zuckung des Unterschenkels.

nen uns wohl zum „Bewußtsein" kommen. Beer, Bethe und v. Uexküll [55] verstehen unter Reflexen alle auf einen Reiz eintretenden und durch nervöse Elemente vermittelten zwangsmäßigen Reaktionen, die immer in gleicher Weise ablaufen. Dem Reflex stellen sie die Antiklise[1]) gegenüber, die ebenfalls eine zwangsmäßig ablaufende Reaktion darstellt, aber auf Grund vorhergegangener Reize modifiziert — also nicht immer in der gleichen Weise — abläuft. Unter den Begriff der Antiklise fallen alle die Vorgänge, welche man als „bewußt" bezeichnet hat. Da die Mehrzahl der Forscher nur dort von Reflexen spricht, wo die Reize durch Vermittlung eines Nervensystems beantwortet werden, ist der Begriff auf das Verhalten der niedersten Tiere, die nur aus einer Zelle bestehen oder noch kein Nervensystem besitzen, nicht anwendbar. Beer, Bethe und v. Uexküll haben deshalb für die Reizbeantwortungen, die nur auf protoplasmatischem Wege ohne Vermittlung besonders dazu bestimmter Elemente erfolgen, wie dies bei den Einzelligen der Fall ist, die Beziehung „Antitypie"[2]) vorgeschlagen.

Doflein unterscheidet echte Reflexe, d. h. solche, welche an ein komplizierter gebautes Zentralnervensystem gebunden sind, und an Reflexe erinnernde Vorgänge, die er als Reflexoide bezeichnet, wie wir sie bei manchen Urtieren beobachten, wo schon besondere Erregungsleitungen und Reizbeantwortungsstellen vorhanden sind. Jennings [68] hat das Problem, „ob das Verhalten der niederen Organismen aus Reflexen besteht", näher untersucht. Er geht dabei von der objektiven Definition der drei obengenannten Forscher aus. Auf Grund der Beobachtungen, daß die Einzelligen auf denselben Reiz oft verschieden reagieren, daß also die Reaktionen nicht gleichartig sind, wenn derselbe äußere Reiz einwirkt, weil ja das Verhalten der Tiere noch von inneren Faktoren, nicht nur von äußeren Reizen abhängt, kommt Jennings zu folgendem Resultat: „Wenn wir also den Reflex als eine unveränderliche Reaktion auf einen ge-

1) Rückbeugung. 2) Rückwirkung.

gebenen Reiz auffassen, so können wir nicht behaupten, daß das Verhalten der niederen Organismen aus Reflexen besteht. Und in der Tat tritt auch folgende Erscheinung sehr deutlich in dem Verhalten hervor: Jeder Reiz verursacht in der Regel nicht bloß eine einzelne bestimmte Reaktion, die als Reflex bezeichnet werden kann, vielmehr eine Reihe von ‚Probier'bewegungen der verschiedensten Art, die zuweilen tatsächlich alle Bewegungen, deren das Tier fähig ist, ausmachen. Die Reaktion auf einen gegebenen Reiz hängt von dem physiologischen Zustande des Organismus ab, und nicht allein von dem anatomischen Bau, und die physiologischen Zustände sind veränderlich. Dies gilt aber ebenso für die Infusorien wie auch für den Menschen."

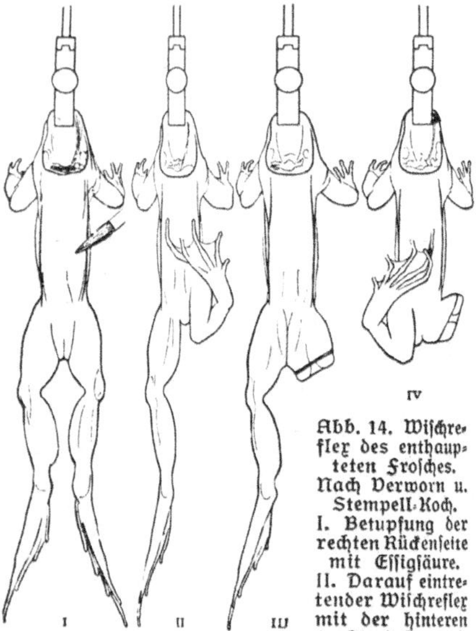

Abb. 14. Wischreflex des enthaupteten Frosches. Nach Verworn u. Stempell-Koch. I. Betupfung der rechten Rückenseite mit Essigsäure. II. Darauf eintretender Wischreflex mit der hinteren (rechten) Extremität. III. Amputation der rechten hinteren Extremität. IV. Nach Wiederholung der Betupfung der rechten Rückenseite schließlich Wischreflex mit der linken hinteren Extremität.

Die Reflexe stellen wie alle Reizreaktionen der Tiere zweckmäßige Anpassungen an die Lebensbedingungen der Tiere dar. Sie ermöglichen daher die Erhaltung des Individuums und die Erhaltung der Art. Man kann die Reflexe demnach einteilen in Selbsterhaltungs- und Arterhaltungsreflexe. Zur Erläuterung mögen noch einige Beispiele für Reflexbewegungen angeführt werden. Ein des Großhirns und Zwischenhirns beraubter Frosch, bei dem die Teile des Mittelhirns noch unversehrt sind, führt noch Sprungbewegungen aus und schwimmt durch das Wasser. Ein völlig enthaupteter Frosch zeigt noch den sogenannten Wischreflex. Betupft man eine Stelle an der Seite des Rückens mit

Abb. 15. Trichterfallen des Ameisenlöwen. Links ein Trichter im Durchschnitt, um den Ameisenlöwen in seiner Normalstellung zu zeigen. Nat. Größe. Nach Doflein.

einem Pinsel, der in verdünnte Essigsäure getaucht wurde, so wischt sich der Frosch diese Stelle mit dem Fuße ab. (Abb. 14.) Wie beim enthaupteten Frosch beobachten wir auch bei anderen enthaupteten Wirbeltieren, z. B. bei Hühnern, nach der Enthauptung noch sehr lebhafte Reflexbewegungen. Legt man ein älteres Huhn oder ein älteres Meerschweinchen mit sicherem Griff mit dem Rücken auf den Tisch, wobei man es so lange festhält, bis es keinen Widerstand mehr leistet, und läßt es dann langsam und vorsichtig los, so bleibt es, wenn man alle störenden Reize wie Geräusche usw. vermeidet, in dieser Stellung unbeweglich liegen (sogenannter Versuch des Pater Kirchner). Die unbewegliche Lage des Tieres kommt dadurch zustande, daß die Muskeln durch die Reize, welche infolge der unnormalen Lage, auf das Tier einwirken, in den Zustand einer dauernden schwachen Kontraktion (Zusammenziehung) versetzt werden. Es entsteht ein sogenannter tonischer Lagereflex im Gegensatz zum normalen Lagereflex. [Mangold.] Solche tonischen Lagereflexe beobachten wir auch bei Stabheuschrecken (z. B. Bacillus rossii), die sich bei großer Gefahr auf den Boden fallen lassen, wo sie sich dann nicht mehr bewegen. Viele Bewegungen der Tiere, die wir heute als reine Reflexbewegungen erkannt haben, wurden von der älteren Tierpsychologie noch als Denkleistungen gedeutet. So hat — wie wir schon erwähnten — Brehm das Verhalten der Larve des Ameisenlöwen (Abb. 15) auf eine gewisse „Schlauheit" des Tieres zurückgeführt. In einer der bedeutsamsten Arbeiten der modernen wissenschaftlichen Tierpsychologie hat aber Doflein auf Grund exakt durchgeführter Beobachtungen und Experimente den Nachweis erbracht, daß sich die staunenswerten Leistungen der Ameisenlöwenlarve auf verhältnismäßig wenige und ganz automatisch ablaufende Reflexe zurückführen lassen.

Sinne und Sinnesorgane. Die Reizaufnahme, durch die jeder Reflex eingeleitet wird, erfolgt je nach der Beschaffenheit des Reizes an ganz bestimmten Stellen des Körpers, an den Reizaufnahmestellen oder Sinnesorganen. Die Popularpsychologie unterscheidet seit alters her beim Menschen fünf Sinne, die sie dann auch ohne weiteres auf die Tiere überträgt. Die moderne wissenschaftliche Physiologie und Psychologie haben aber diese veraltete Einteilung vollständig aufgegeben, da wir beim Menschen und vielen Tieren mehr als fünf Sinne vorfinden. Beim Menschen und bei den Wirbeltieren ist es vor allem der alte „Gefühlssinn"[1]) oder besser Hautsinn, welcher in verschiedene Sinne (Temperatur-, Kälte-, Druck-, Schmerzsinn usw.) aufgelöst werden konnte. Ebenso ist das Ohr nicht nur Sitz des Gehörsinnes sondern auch des Gleichgewichtssinnes. Man teilt heute die Sinne ein nach der Beschaffenheit der Reize, für die sie empfänglich sind. Die Reize, welche unter normalen Bedingungen ein Sinnesorgan treffen, heißen für dieses Organ adäquate Reize. Die Sinne werden zunächst in zwei große Gruppen eingeteilt: in physikalische und chemische Sinne. Die physikalischen Sinne zerfallen in einen mechanischen (Tast-, Gleichgewichts- und Gehörsinn), thermischen oder Wärmesinn und einen optischen oder Gesichtssinn. Bei den chemischen Sinnen unterscheidet man einen Sinn für Reize, die im gasförmigen Zustande wirken, den Geruchssinn, und einen Sinn, der auf chemische Veränderungen von Flüssigkeiten anspricht, den Geschmackssinn.

Die Popularpsychologie hat vielfach den Fehler begangen, daß sie den Tieren dasselbe „Sinnesleben" zuschreibt wie dem Menschen. Allein, je weiter wir in die Tierreihe hinabsteigen, je weiter wir uns von den Säugetieren entfernen, desto unähnlicher gestaltet sich Bau und Funktion der Sinnesorgane. Der Regenwurm hat keine Augen, trotzdem ist er aber lichtempfindlich, wie wir uns leicht durch folgenden Versuch (nach Stempell-Koch) überzeugen können: Mit Hilfe einer Sammellinse entwirft man auf dem Vorderende eines Regenwurms, der vorher im Dunkeln gehalten wurde, das Bild einer Lampe. Das Vorderende des Wurmes zieht sich stark zusammen. Beleuchtet man das Hinterende, so ist die Reaktion schwächer, während in der Mitte kaum eine

1) Der Begriff „Gefühl" wird in der modernen Psychologie vornehmlich dort gebraucht, wo es sich um sogenannte Lust- und Unlustgefühle handelt.

Reizbeantwortung stattfindet. Um dem Einwand zu begegnen, die Reaktion könnte auch durch von der Lampe ausgehende Wärmestrahlen bedingt sein, empfiehlt es sich, zwischen Lichtquelle und Raum ein mit kaltem Wasser gefülltes parallelwandiges Glas, eine sogenannte Küvette zu stellen.

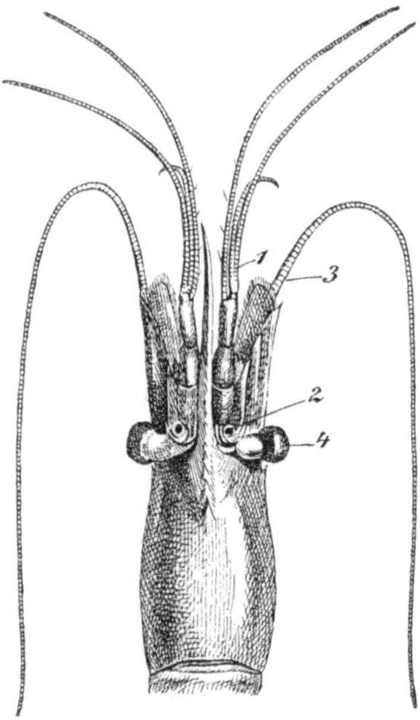

Abb. 16. Vorderhälfte einer Garnele (Palaemon) von der Rückenseite. 1 vordere Antennen, 2 die in deren Basalglied gelegenen Statozysten, 3 hintere Antennen, 4 Stielaugen. Nach Kreidl. Aus Hesse

Als „Sinnesorgan" für starke optische Reize funktioniert beim Regenwurm die Haut und das Unterhautbindegewebe, wo sogenannte Sinneszellen eingelagert sind, die für optische Reize empfänglich sind. Die Sinnesorgane der Insekten unterscheiden sich von jenen der Wirbeltiere nicht nur hinsichtlich ihres Baues und ihrer Funktion, sondern auch vielfach durch ihre Lage. Die Geruchsorgane der Insekten sitzen in den Fühlern. Das Gehörorgan der Grillen liegt nicht am Kopfe, sondern an den Schienen der Vorderbeine, bei den Grasheuschrecken dagegen am Hinterleib. Die sogenannten ultravioletten Strahlen[1]) sind für das menschliche Auge unsichtbar. Die Ameisen dagegen reagieren auch auf ultraviolette Strahlen, wie Lubbock, Forel und Fielde [38] fanden. Diese Reaktion wurde von S. Becher [72] auch bei Daphnien (Wasserflöhen) beobachtet. Becher vertritt die Ansicht, daß das ultraviolette Licht schmerzend

1) Ultraviolette Strahlen sind solche Strahlen, die durch ein Prisma noch stärker abgelenkt werden als die violetten Strahlen, sie besitzen die charakteristischen Eigenschaften der Lichtstrahlen, verursachen aber beim Menschen keine Lichtempfindung. Vgl. Graetz, Das Licht und die Farben. ANuG Bd. 17.

oder lähmend wirkt, ohne daß es überhaupt als Licht gesehen zu werden braucht. Damit würde auch das periodische Wandern der Daphnien in gutem Einklang stehen. Denn bei Tag, wo die Sonne scheint und ultraviolette Strahlen das Wasser treffen, wandern die Daphnien in die dunkle Tiefe, während sie bei Nacht und bewölktem Himmel in die Höhe kommen.

Der Gleichgewichtssinn oder statische Sinn hat bei den Wirbeltieren seinen Sitz in dem sogenannten Labyrinth. Wirbeltiere (z. B. Frösche, Fische oder Tauben), welche des Labyrinths beraubt werden, „verlieren das Gleichgewicht", Frösche z. B. schwimmen auf dem Rücken durch das Wasser, Tauben fliegen schwankend durch die Luft. Bei den zehnfüßigen Krebsen sind die Gleichgewichtsorgane ganz anders gestaltet und gelegen. Sie stellen dort eine Blase oder Cyste dar, die am Basalglied der ersten Antenne (Fühler) liegt und als Statocyste (Gleichgewichtsblase) bezeichnet wird. (Abb. 16.) Während nun bei anderen wirbellosen Tieren die Statocysten durch Abscheidung entstandene Statolithe (Gleichgewichtssteine) tragen, die je nach der Lage einen verschiedenen Reiz auf die im Innern des Bläschens gelegenen Sinnesborsten ausüben, werden von den zehnfüßigen Krebsen die Statocysten nach jeder Häutung mit Fremdkörpern, z. B. Sandkörnchen, gefüllt, welche dann als Statolithen funktionieren. An diese Tat-

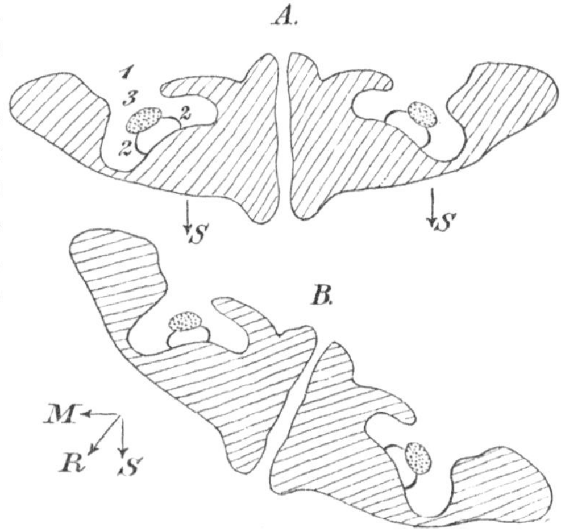

Abb. 17. Schematischer Schnitt durch die Basalglieder der vorderen Antennen von Palaemon. *A* bei normaler Stellung, *B* bei Einwirkung des Magneten von links; die Resultante *R* aus der Magnetwirkung *M* und der Schwerkraft *S* wirkt jetzt ebenso auf die Statolithen wie unter normalen Verhältnissen die Schwerkraft (*S* in *A*); der Krebs hat daher das „Gefühl" normaler Körperhaltung. 1 Öffnung der Statozyste, 2 Sinnesborsten, 3 Statolith. Aus Hesse.

sache knüpft einer der interessantesten Versuche an. Setzt man eine Garnele (Palaemon), die sich gerade gehäutet hat, auf feinen Eisenstaub, so füllt sie mit diesem ihre Statocyste. Die Lage dieser Statolithen läßt sich nun mit einem Magneten beeinflussen. Da aber die Stellung und Bewegungen des Tieres von der Lage der Statocysten abhängen, so nimmt das Tier zu der Wirkung der Magnetkraft eine ganz bestimmte Stellung ein. (Abb. 17.)

Tropismen und Taxien. Solche Einstellungen der Tiere gegenüber auf sie einwirkenden Energien werden als Tropismen[1]) oder Taxien[2]) bezeichnet. Unter Geotropismus versteht man z. B. die zwangsmäßig eintretende Einstellung auf die Schwerkraft, unter Thigmotropismus oder Thigmotaxis (oder Stereotropismus) die Einstellung gegenüber Berührungsreizen. So zeigen z. B. die unteren Enden der Hydroidpolypen positiven Thigmotropismus oder Stereotropismus, da sie sich an einer festen Unterlage anheften. Unter Phototropismus oder Phototaxis versteht man die Einstellung gegen das Licht, unter Chemotropismus oder Chemotaxis die Einstellung gegenüber chemischen Reagentien. Galvanotropismus oder Galvanotaxis bedeutet Einstellung gegenüber dem elektrischen Strom. Thermotropismus und Thermotaxis (letzteres gebräuchlicher) bezeichnen die Einstellung gegenüber der Wärme. Endlich spricht man noch von Rheotropismus und Anemotropismus, und meint damit die Einstellung gegenüber der Wasserströmung und die Stellung zur Luftströmung, wie wir sie z. B. bei manchen Mücken beobachten. Der Begriff „Tropismus" wird aber in einem zweifachen Sinne gebraucht: 1. in einem rein beschreibenden, was allgemein üblich ist, da er sofort Aufschluß gibt über die Art und Weise der Reaktion, und 2. in einem erklärenden Sinne, wobei auch die Ursachen der Reaktionen berührt werden.

Tropismentheorie. Man spricht im zweiten Falle von einer sogenannten Tropismentheorie, die besonders von Loeb [16] und Verworn [107] vertreten wird. Nach dieser Theorie wird die Einstellung der Organismen gegenüber der Reizquelle da-

1) = Wendungen. 2) = Einstellungen.

durch bedingt, daß gewisse Stellen des Körpers vom Reiz stärker und andere weniger getroffen werden. An einem Beispiel mag erklärt werden, wie man sich nach dieser Tropismentheorie z. B. die Einstellung eines Wimperaufgußtierchens gegenüber der Lichtquelle zu erklären hat. (Abb. 18.) Die Pfeile deuten die Richtung der Lichtstrahlen an. Nun wird zunächst die dem Licht

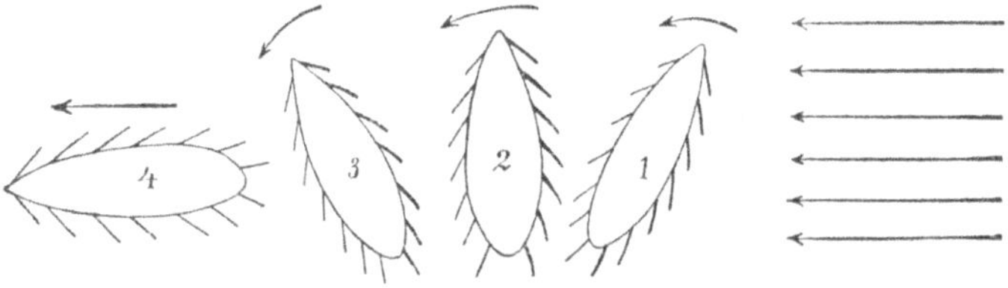

Abb. 18. Schematische Darstellung einer negativen Reaktion, nach der lokalen Wirkungstheorie der Tropismen. Nach Jennings.

zugewandte Seite stärker gereizt, die Wimpern auf dieser Seite bewegen sich stärker, weshalb das Tier sich nach links drehen muß. Das Tier bewegt sich so lange nach links (Stellung 1—3), bis es von beiden Seiten gleichmäßig vom Reize getroffen wird (Stellung 4). Jetzt hat sich das Tier gegenüber der Lichtquelle eingestellt, es schwimmt dann nach links weiter, zeigt also negativen Phototropismus. Entsprechend ließe sich auch das Zustandekommen von positivem Phototropismus erklären, nur müßte man dann annehmen, daß die Bewegung der dem Lichte zugekehrten Wimpern durch den Reiz nicht beschleunigt, sondern verlangsamt wird. Ähnlich sucht die Tropismentheorie auch die Einstellung vielzelliger Tiere, z. B. des Regenwurms, gegen die auf ihn einwirkenden Energien zu erklären. Für die Tropismentheorie ist weiter charakteristisch, daß sie die Tropismen, und damit das Verhalten der Tiere auf die Wirkung lokaler Reize zurückführt, die eine Veränderung der Geschwindigkeit des Ablaufs physikalisch-chemischer Vorgänge an der betreffenden Stelle veranlassen. Wenn diese Theorie auch vielfach in einzelnen Fällen befriedigen mag, so genügt sie aber nicht — wie Jennings, Bohn und Ráol gezeigt haben — zur Erklärung des gesamten Verhaltens der Organismen. Jennings weist darauf hin, daß der Tropismus insofern keine Erklärung ist, weil er bloß in einer Zusammenstellung elementarer Reaktionen besteht, und weil ein großer Teil des Verhaltens der Tiere auf der sogenannten „Probiermethode" beruht, welche mit der Tropismentheorie in Widerspruch steht.

Probiermethode. Diese Probiermethode oder, wie sie auch genannt wird, „die Methode des Versuchs und Irrtums", besteht darin, daß die Tiere sogenannte Probierbewegungen ausführen, wenn sie z. B. gegen ein Hindernis treffen. So beobachtete Jennings bei dem Aufgußtierchen Oxytricha fallax folgendes Verhalten: Bewegt sich das Tier aus einer kälteren Zone gegen eine wärmere hin, so weicht es, sobald es an die Grenze von Warm und Kalt kommt, zurück, und dreht sich dann nach einer anderen Richtung, dann bewegt es sich von neuem gegen die warme Zone, weicht schließlich aber wiederum zurück. Es probiert so lange, bis es die günstigste Richtung vorfindet, in der ihm kein ungünstiger Reiz mehr entgegentritt. Von einem planmäßigen überlegten Probieren kann dabei allerdings keine Rede sein, das Verhalten des Tieres ist vielmehr rein reaktiv. Ein solches probierendes Verhalten beobachten wir oft auch bei höheren Tieren. Ein Hund, der eingesperrt ist, wendet auch häufig diese „Methode des Versuchs und Irrtums" — oder wie zur Strassen [22] dieses Verhalten nennt — „das Schrotflintenprinzip" an, um nach außen zu gelangen. Selbst der Mensch bedient sich dieser Methode, wenn er z. B. im Dunkeln das Schlüsselloch suchen muß.

IV. Instinkthandlungen.

Es würde den Rahmen des vorliegenden Bändchens bei weitem überschreiten, wenn wir alle die verschiedenen Definitionen hier aufzählen wollten, welche im Laufe der Geschichte der Psychologie und Zoologie von dem Begriff „Instinkt" gegeben wurden. Wer die Geschichte des Instinktbegriffes näher studieren will, den verweise ich auf die Schriften von Ziegler [79] und Wasmann [77] und auf die Arbeit von Franken [91].

Instinktbegriff nach Wasmann, Darwin und Wundt. In der modernen Tierpsychologie begegnen wir hauptsächlich zwei verschiedenen Auffassungen des Instinktes, einer subjektiv-psychologischen und einer physiologischen. Die erste Richtung, die in erster Linie durch Wasmann vertreten wird, bringt in den Instinktbegriff einen subjektiven Faktor. Wasmann [77] definiert den Instinkt folgendermaßen: „Der Instinkt bezeichnet in erster und eigentlichster Bedeutung einen Trieb des sinnlichen Strebevermögens zu bestimmten Objekten und Tätigkeiten, deren Zweckmäßigkeit außerhalb des Erkenntnisbereiches des handelnden Subjektes liegt. An zweiter Stelle bezeichnet Instinkt die Eigentümlichkeit der sinnlichen Erkenntnis, durch welche jenes Streben geleitet wird: sie stellt dem sinnlichen Wesen das objektiv Nützliche als subjektiv angenehm vor, und weist ihm zugleich auch den Gebrauch seiner körperlichen Organe jenes Zieles an; eben hierdurch wird die instinktive Tätigkeit zu einer unbewußt zweckmäßigen.... Da die moderne Naturforschung gezeigt hat, daß die instinktiven Tätigkeiten des Tieres (wie des Menschen) großenteils an physiologische Reflexe anknüpfen, welche nur durch angeborene Nervenmechanismen, ohne ursächliche Beteiligung der sinnlichen Erkenntnis bestimmt werden, so müssen wir zur Ergänzung der hier gegebenen Erklärung noch hinzufügen, daß in vielen Fällen die betreffende zweckmäßige Tätigkeit erst nach ihrer Auslösung zu einer instinktiven Handlung wird, indem erst dann das psychische Element des sinnlichen Fühlens und Strebens hinzutritt. Die Anregung zu der betreffenden Tätigkeit ist in diesem Falle rein reflektorisch, die Ausübung derselben dagegen instinktiv.... Nach dem Sinne, der sowohl der etymologischen Bildung des Wortes als auch der Bedeutung entspricht, die dieses Wort in der alten Philosophie hatte, bezeichnet Instinkt somit einen sinnlichen Trieb, der zu Tätigkeiten anleitet, deren Zweckmäßigkeit außerhalb des Erkenntnisbereiches des betreffenden Subjektes liegt. Instinkt ist es, wenn die männliche Larve des Hirschkäfers vor ihrer Verpuppung einen Kokon sich anfertigt, dessen Größe jene der Puppe weit überschreitet und bereits auf die Länge der künftigen Geweihe des Käfers Rücksicht nimmt, der aus der Larve sich entwickeln wird; denn jene Larve hat niemals einen vollendeten Hirschkäfer gesehen und kann ebensowenig durch eigenes „Nachdenken" auf den klugen Einfall kommen, daß sie zu einem männlichen Hirschkäfer mit

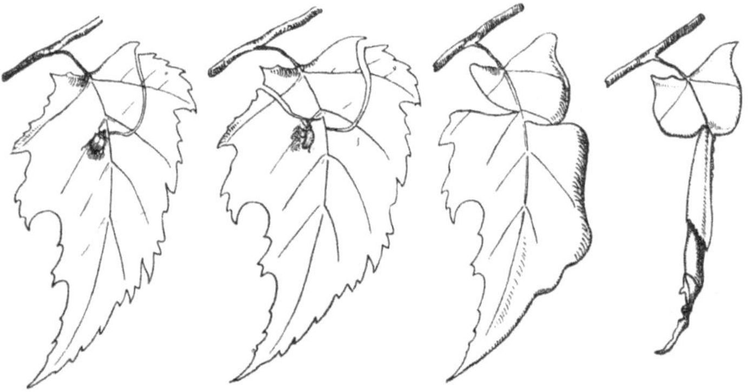

Abb. 19. Vier Phasen der Rollung der Blattdüte von Rhynchites betulae. Nat. Größe. Nach Doflein.

mächtigem Geweih bestimmt sei. Instinkt ist es, was das Weibchen des Trichterwicklers (Abb. 19) dazu anleitet, nach einem äußerst sinnreichen, mathematisch-technischen Problem, welches in die menschliche Wissenschaft erst 1673 durch Huygens[1]) eingeführt wurde, das Birkenblatt zuzuschneiden und zu einem Trichter aufzurollen, in welchem es dann seine Eier ablegt; denn der kleine Rüsselkäfer kann weder durch Erfahrung noch durch Überlegung Kenntnis von jenem Problem haben, ja er kann nicht einmal wissen, daß er jetzt ‚Eier' legen werde, aus denen wiederum junge Trichterwickler sich entwickeln sollen. Instinkt ist es, was den jungen Vogel, der noch kein Nest seiner Art kennt, dazu antreibt, nach der Paarung Hälmchen und Gräschen und ähnliches Material für ein warmes Nest zusammenzutragen, in welchem seine

1) Konstruktion der Evolute zu der gegebenen Evolvente.

künftigen Jungen ausgebrütet werden sollen; denn aus eigener Erfahrung und eigener Überlegung kann auch der Vogel vor dem ersten Brutgeschäft nicht einmal wissen, daß er Eier legen werde, und daß dieselben bebrütet werden müssen, um eine neue Generation seiner Art zu liefern. Instinkt ist es auch, wenn ein Hund der an Bandwurm leidet, Beifuß frißt, während er sonst diese Pflanze nicht anrührt; denn er müßte ja Medizin studiert haben, um auf ein so zweckmäßiges Heilverfahren durch eigene Kenntnis zu verfallen. Instinkt ist es endlich auch, was den menschlichen Säugling dazu veranlaßt, seinem Hungergefühle durch Schreien Ausdruck zu verleihen und die Mutterbrust zu suchen; denn die Zweckmäßigkeit seines Geschreies und seiner Saugversuche kann er unmöglich vorher durch Erfahrung oder eigenes Nachdenken erkannt haben. Was ist es also, was in den angeführten Beispielen die instinktiven Tätigkeiten *wesentlich kennzeichnet*? Es ist der Umstand, daß *die Zweckmäßigkeit derselben außerhalb des Erkenntnisbereiches des betreffenden Subjektes* liegt. Die *unbewußte Zweckmäßigkeit* ist somit das *wesentliche Kriterium* der instinktiven Handlungen gegenüber den intelligenten.“ Darwin definiert die Instinkthandlung folgendermaßen (Abstammung der Arten): „Wenn eine Handlung, zu deren Vollziehung bei uns selbst Erfahrung vorausgesetzt wird, von einem Tiere, und besonders einem sehr jungen Tiere, noch ohne alle Erfahrung ausgeführt wird, und wenn sie bei vielen Tieren in gleicher Weise erfolgt, ohne daß diese den Zweck derselben kennen, so wird sie gewöhnlich eine instinktive Handlung genannt.“ Wundt sagt über die Instinkthandlungen [5]: „Bewegungen, die ursprünglich aus einfachen oder zusammengesetzten Willensakten hervorgegangen, dann aber während des individuellen Lebens oder im Laufe einer generellen Entwicklung vollständig oder teilweise mechanisiert worden sind, nennen wir nun Instinkthandlungen. Wie schon das Wort Instinkt, von instiguere anreizen, antreiben, in seiner Grundbedeutung mit Trieb übereinstimmt, so fällt auch der Begriff des Instinktes mit dem des Triebes nahe zusammen. Nur darin besteht zwischen beiden ein Unterschied, daß man den Ausdruck Trieb vorzugsweise auf die einfacheren unter den hierher gehörigen zweckmäßigen Bewegungen, den Ausdruck Instinkt dagegen auf die verwickelteren, eine längere individuelle oder generelle Übung voraussetzenden Triebäußerungen anwendet. Auf diese Weise steht die Instinkthandlung in der Mitte zwischen den zusammengesetzten Reflexbewegungen und den Willenshandlungen."

Instinktbegriff nach der objektiven Psychologie. Die angeführten Instinktdefinitionen enthalten alle Begriffe, welche der menschlichen Psychologie entnommen sind, z. B. unbewußte Zweckmäßigkeit, Unkenntnis des Zweckes, Willensakt usw. Vom Standpunkte der subjektiven Tierpsychologie und der vergleichenden Psychologie ist dagegen nichts einzuwenden, wenn z. B. Franken [91] ähnlich wie Wasmann den Instinkt definiert im Gegensatz zu dem Verstand als „die Fähigkeit, einfach motivierte Handlungen ohne Überlegung zu vollziehen", aber befriedigen kann eine solche Definition nicht — wie Franken auch selbst zugibt —, da alle diese Definitionen nur einen durchaus beschreibenden Charakter haben, aber keinen erklärenden. Es fehlt diesen Definitionen der Hinweis auf bekannte Vorgänge, auf die wir die Instinkte zurückführen können. Allerdings sind in den erläuternden Ausführungen, welche Wasmann und Wundt ihren Definitionen folgen lassen, schon solche einfachen Vorgänge angeführt, auf welche die Instinkthandlungen zurückgeführt werden können. Wasmann weist darauf hin, daß die instinktiven Tätigkeiten der Tiere großenteils an physiologische Reflexe anknüpfen. Die objektive Tierpsychologie faßt nun tatsächlich die Instinkthandlungen der Tiere als zusammengesetzte Reflexe auf und stellt diesen die einfachen Reflexe gegenüber (Morgan [80], Spencer [74], Ziegler [79]). Bechterew definiert die Instinkte folgendermaßen [6]: „Sie sind komplizierte Bewegungen und Handlungen, die, ähnlich den Reflexen, vorwiegend auf Grund organischer Einflüsse ausgeführt werden und dazu bestimmt sind, die organischen Bedürfnisse des Organismus auf entsprechende Weise zu befriedigen oder den Organismus vor schädlichen, die Lebensvorgänge störenden Einflüssen zu behüten. Zu dieser Kategorie gehören alle Bewegungen, welche auf die Befriedigung von Hunger und Durst gerichtet sind, die Abneigung gegen Übersättigung, die Geschlechtsfunktionen usw., mit anderen Worten, alle auf Selbsterhaltung und Fortdauer der Art gerichteten Reaktionen.... Das Charakteristische der instinktiven Bewegungen besteht darin, daß sie auf Grund organischer Impulse entstehen, eine Reihe mehr oder weniger schablonenhafter komplizierter Bewegungen hervorrufen, die auf einen bestimmten Zweck gerichtet sind und nicht auf vergangener Erfahrung beruhen, obgleich sie gewöhnlich durch zahlreiche äußere Umstände beeinflußt und durch individuelle Erfahrung vervollkommnet werden."

Charakteristische Merkmale für die Instinkthandlungen. Die Instinkthandlungen der Tiere dürfen nicht verwechselt werden mit mechanisch ablaufenden Handlungen, die infolge von Übung so mechanisiert wurden, daß sie ohne Bewußtsein und Überlegung ausgeführt werden. Das Schreiben z. B. erfolgt ganz mechanisch, ohne daß man dabei „überlegen" muß, wie die Buchstaben aufeinanderfolgen. Man kann auch ganz „mechanisch" Klavier spielen — vorausgesetzt, daß man das betreffende Stück lange geübt und dem Gedächtnis gut eingeprägt hat —, ohne dabei sich zu überlegen, auf welche Tasten man drücken muß. Man kann sein Haus finden, während man auf den Weg überhaupt nicht geachtet, sondern an ganz andere Dinge gedacht hat. Nach der Definition von Wundt würden diese Handlungen aber auch unter die Instinkthandlungen fallen. Soll eine Handlung als Instinkthandlung im Sinne der Tierpsychologie aufgefaßt werden, so muß für sie folgendes zutreffen: 1. Die betreffende Handlung wird bei allen Individuen derselben Art beobachtet. 2. Die Ausführung der Handlung beruht auf Reflexen, die von den Eltern ererbt sind. 3. Der Handlung sind keine gedächtnismäßigen Erfahrungen, keine Lernprozesse und keine Denkvorgänge vorausgegangen. 4. Zur Auslösung der Instinkte bedarf es bestimmter Reize. 5. Die Instinkthandlung wird auch dann ausgeführt, wenn sie zwecklos ist, sofern nur die auslösenden Reize vorhanden sind.

Rudimentäre Instinkte. Vielfach beobachten wir neben den Instinkten, die für das Tier die größte Bedeutung haben, auch solche, welche dem Tiere keinen sichtlichen Nutzen bringen. Solche verkümmerten Instinkte, die bei den Vorfahren eine Bedeutung hatten, diese aber dann im Laufe der Stammesgeschichte infolge veränderter Lebensbedingungen verloren haben, bezeichnet man als rudimentäre Instinkte. Bei unseren Haustieren lassen sich z. B. solche rudimentären Instinkte vielfach noch beobachten. Das Scheuen des Pferdes vor manchmal ganz unbedeutenden Gegenständen wird z. B. als eine solche rudimentäre Instinkthandlung erklärt, die heute für das Pferd kaum noch Bedeutung hat, im Gegenteil, vielfach stürzt es sich dabei ins Verderben. Bei den wilden Pferden, die in den Steppen leben, ist aber die Flucht, das schnelle Laufen, das beste Mittel, einer drohenden Gefahr zu entweichen. Bevor ein Hund sich hinlegt, dreht er sich manchmal öfters um sich herum. Diese merkwürdige Handlung wird ebenfalls als rudimentärer Instinkt erklärt, als eine von den Vorfahren ererbte Gewohnheit, denn die wilden Hunde, welche in den Grassteppen leben, müssen oft erst die hohen Grashalme zur Seite drücken, um ein bequemes Lager zu erhalten.

Einteilung und Beispiele der Instinkte. Die Instinkte können wir in zwei große Gruppen einteilen, in Selbsterhaltungs- und Arterhaltungsinstinkte, je nachdem sie die Erhaltung des Individuums oder die Erhaltung der betreffenden Tierart sicherstellen. Zu den ersteren gehören die Instinkte der Ernährung, die Schutzinstinkte, wie Flucht vor Feinden, Totstellen usw., zu den letzteren alle die Instinkthandlungen, die sich auf den Begattungsakt, die Brutpflege, die Sorge um die Nachkommenschaft usw. beziehen.

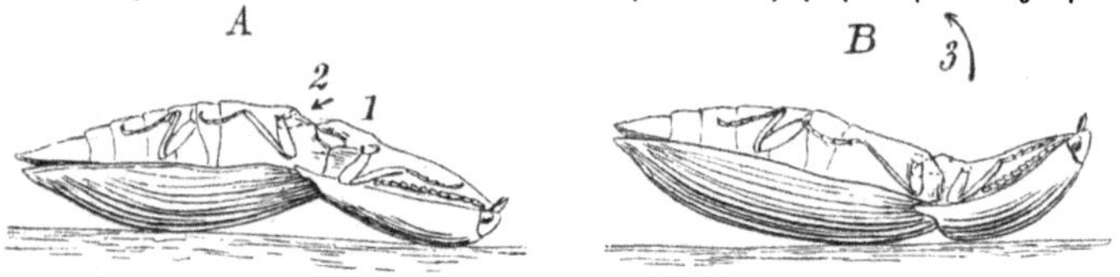

Abb. 20. Hüpfen des Schnellkäfers. *A* Vorbereitung, *B* Abstoßen. 1 Zapfen der Vorderbrust, Pfeil 2 zeigt auf die Grube am Vorderrande der Mittelbrust, Pfeil 3 zeigt die Drehung des Körpers beim Sprunge. Nach Hesse.

Abb. 21. Copris hispanica, Weibchen in seiner Halle mit der Bearbeitung der großen Dungkugel beschäftigt. Orig. nach Fabre. Aus Doflein.

Namentlich mit dem letztgenannten Instinkte hängen auch die sogenannten sozialen Instinkte, wie wir sie bei Ameisen und Bienen beobachten, zusammen, während bei der Herdenbildung meist eine bessere Verteidigung, eine vollkommenere Ausnutzung der Ernährungsverhältnisse usw., also das Interesse der Selbsterhaltung überwiegt.

Zur näheren Erläuterung und Veranschaulichung seien noch einige Beispiele für Instinkte angeführt. Man hat beobachtet, daß Hühnchen, die frisch aus dem Ei schlüpften, auf einem Teppich keine Scharrbewegungen ausführen. Erst wenn man Sand auf den Teppich streut, fangen sie an zu scharren. Diese Instinkthandlung wird also erst durch einen Gesichtsreiz ausgelöst. Ebenso ist das Picken der Hühnchen nach Körnern, ohne daß sie das vorher „gelernt" haben, eine Instinkthandlung. Das sogenannte „Tot-

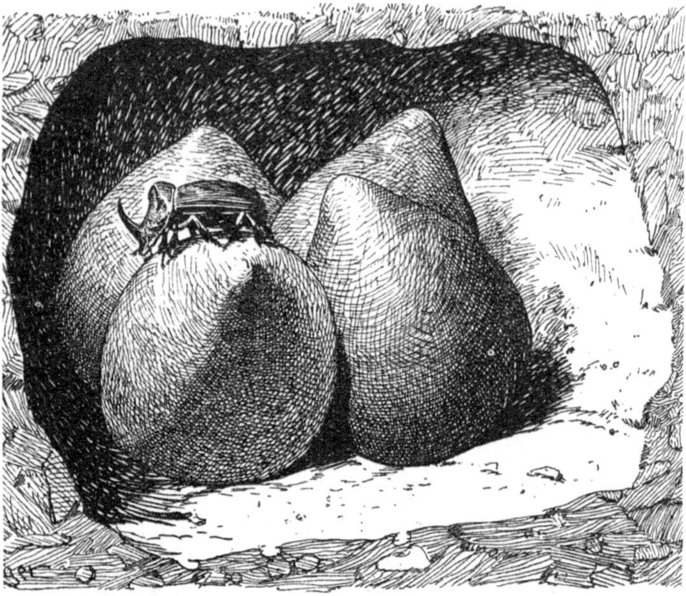

Abb. 22. Copris hispanica, Weibchen bei den vier Nährballen oder Brutpillen in seiner Halle. Orig. nach Fabre. Nat. Größe. Aus Doflein.

stellen" der Tiere ist ebenfalls eine reine Instinkthandlung, bei welcher das Tier keinen Einblick hat in die Zweckmäßigkeit seiner Handlung. Das Totstellen können wir z. B. an den Schnellkäfern (Elateriden) beobachten, die sich vor ihrem Sprung totstellen. (Abb. 20.) Die Ausübung des Begattungsaktes bei den Tieren erfolgt auf Grund angeborener Reflexe, die durch äußere Reize, wie Geruchs-, Tast-, Gesichts- und Gehörsreize, sowie durch innere Reize, Schwellen der Hoden, Eintritt der Menstruation usw. ausgelöst werden. Zu den Arterhaltungsinstinkten gehören auch die Instinkte der Eiablage und Brutpflege, z. B. Nestbau der Vögel. Copris hispanica, eine Mistkäferart, mag als Beispiel für ein Tier angeführt werden, das einen merkwürdigen Brutpflegeinstinkt aufweist. Männchen und Weibchen bereiten sich unter Schafsmist einen Hohlraum, den sie ausglätten. In diesen Hohlraum schaffen sie dann Schafsmist, aus dem das Weibchen einen großen Kuchen anfertigt. (Abb. 21.) Aus diesem macht es drei oder vier Nährballen oder Brutpillen. An dem spitzigen Ende legt es dann eine Kammer an, in die ein Ei abgelegt wird. (Abb. 22.) Die Kenntnis dieser interessanten Brutpflegeinstinkte bei Mistkäfern verdanken wir vor allem Fabre [32]. Einen sehr merkwürdigen Brutpflegeinstinkt finden wir bei der Geburtshelferkröte (Alytes obstetricans), wo das Männchen die Eier nach der Befruchtung um seine Beine wickelt und mit sich herumträgt. Endlich ließen sich aus dem Leben der Ameisen und Bienen noch sehr viele lehrreiche Beispiele für Instinkte anführen.[1]) Für die Beobachtung der Ameisen sind von einigen Forschern besondere künstliche Nester konstruiert worden [38], unter denen das Modell von Wasmann (Abb. 23) am gebräuchlichsten ist. Man kann sich dieses Nest mit einfachen Hilfsmitteln sehr leicht jederzeit selbst herstellen. Das eigentliche Nest besteht aus zwei Räumen, dem Hauptnest (H) und dem Nebennest (N). Beide bestehen aus zwei Glasscheiben und einem rechteckigen Holzrahmen, der für kleinere Ameisenarten etwa 5 mm und für größere etwa 12 mm hoch ist. Als Glasscheiben lassen sich gebrauchte photographische Platten 9×12 und 13×18 verwerten. Beide Nester sind durch eine Glasröhre miteinander verbunden. Um das Nestinnere stets etwas feucht zu halten, ist der Wassertrog, wozu man eine gebogene Trichterröhre verwenden kann, an der Seite des Hauptnestes angebracht. Vom Hauptnest führt eine Glasröhre zum

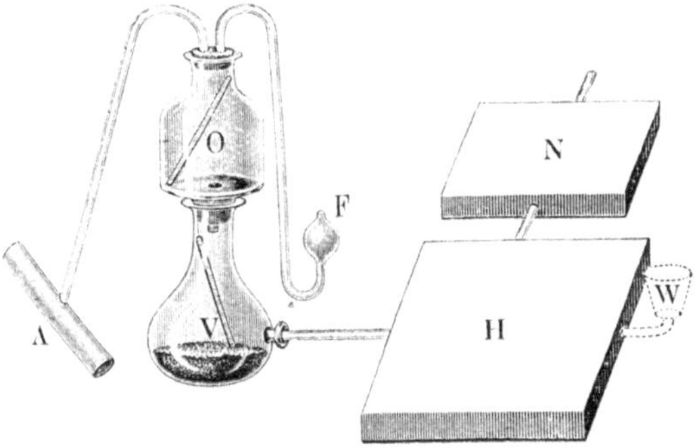

Abb. 23. Wasmann-Ameisen-Beobachtungsnest. *H* Hauptnest, *N* Nebennest, *V* Vornest, *A* Abfallnest, *W* Wassertrog. Nach Wasmann und Escherich. Aus K. Escherich, Die Ameise. Vieweg & Sohn, Braunschweig.

1) Ich verweise auf die entsprechende Literatur [73—81].

Vorneſt (V), deſſen Boden mit Erde bedeckt iſt. Ein Holzſtab ermöglicht den Ameiſen, in das Oberneſt (O) zu gelangen, und ein weiterer Holzſtab in die Röhre, die in dem Abfallneſt (A) und in die Röhre, die in dem Futterneſt (F) endigt. Das Hauptneſt überdeckt man mit einem ſchwarzen Tuch oder Papier. Mit Hilfe ſolcher künſtlicher Ameiſenneſter laſſen ſich ſehr intereſſante Beobachtungen anſtellen, die im Freien nicht gemacht werden können.

Die Entſtehung der Inſtinkte. Bezüglich der Entſtehung der Inſtinkte gehen die Anſichten der Forſcher noch ſehr auseinander. Die jeweilige Stellung zu dieſem Problem hängt vielfach davon ab, welcher biologiſchen Richtung man angehört. Wir können der Hauptſache nach die folgenden Auffaſſungen unterſcheiden:

Die metaphyſiſch-theologiſche Erklärung führt die zweckmäßigen Inſtinkthandlungen der Tiere auf die Allmacht und Weisheit des Schöpfers zurück. Ihre Hauptvertreter waren ſchon früher Thomas von Aquin (1225—1274) und Reimarus (1694—1768), der in ſeinem in dritter Ausgabe 1773 erſchienenen Werke: „Allgemeine Betrachtungen über die Triebe der Tiere, hauptſächlich ihre Kunſttriebe. Zur Erkenntnis des Zuſammenhangs der Welt, des Schöpfers und unſer ſelbſt vorgeſtellt" folgendes ſagt: „Eben darin offenbart ſich das Göttliche in der tieriſchen Natur, daß ihre unedleren Seelenkräfte ſo weislich determiniert und dadurch ſo erhöht ſind, daß ſie mehr zu ihrem wahren Beſten damit ausrichten, als wir Menſchen mit allem unſeren Denken und Überlegen, mit allem Witze und Vernunftſchlüſſen würden erſonnen und ausgerichtet haben." Auch der große Phyſiologe Johannes Müller (1801—1858) gab ſich noch mit einer metaphyſiſch-theologiſchen Erklärung zufrieden, wenn er ſchreibt: „Aus den inſtinktartigen Handlungen ſehen wir, daß die nach ewigem Geſetz für einen beſtimmten Zweck wirkende Kraft, dieſes nicht in unſer Bewußtſein fallende göttliche Denken (um im Sinne Spinozas zu reden) auch über die Entſtehung und Organiſation der organiſchen Weſen hinaus tätig iſt und auf die willkürlichen Handlungen Einfluß hat." Dieſe Erklärung iſt aber keine wiſſenſchaftliche, ſondern mehr eine religiöſe. Sie befriedigt den wissenschaftlichen Forscher so wenig, als wenn man die Erscheinung des Gewitters dadurch „erklären" wollte, daß man sagt: Gott blitzt. Wie wir die Erscheinung des Gewitters erst dann erklärt haben, wenn wir es auf bekannte Vorgänge (elektrische Entladungen) zurückgeführt haben, d. h. wenn wir die Bedingungen festgestellt haben, unter denen es zustande kommt, so ist die Entstehung der Instinkte dann erklärt, wenn die Bedingungen ihres Zustandekommens aufgefunden sind. Die naturwissenschaftliche Auffassung — die für den erfahrungswissenschaftlichen Forscher allein maßgebend ist — sucht die Entstehung der Instinkte einzig und allein mit Hilfe der in der Welt wirkenden Naturgesetze zu erklären. Dieses in der Geschichte der Wissenschaft durchaus bewährte Arbeitsprinzip, dem wir die Erweiterung unserer Welterkenntnis in erster Linie verdanken, muß auch den Psychologen und Tierpsychologen leiten, wenn seine Arbeitsgebiete auf das Prädikat „wissenschaftlich" Anspruch erheben wollen. Da aber erst in den letzten Jahrzehnten die Wissenschaft sich an das Instinktproblem herangemacht hat, so kann es nicht wundernehmen, daß wir von der Lösung dieses Problems noch weit entfernt sind. Claparède [27] empfiehlt deshalb, „anstatt diese Theorie zu diskutieren, Tatsachen zu sammeln". Trotzdem will ich hier die wichtigsten Erklärungsversuche über den Instinkt anführen; Darwin versucht im achten Kapitel seines Buches über die Entstehung der Arten die Entstehung der Instinkte mit Hilfe seiner Selektionstheorie [1]) zu erklären. Er sagt dort: „Man wird allgemein zugeben, daß für das Gedeihen einer jeden Art unter ihren jetzigen Existenzbedingungen Instinkte ebenso wichtig sind wie die Leibesbeschaffenheit. Ändern sich die Lebensbedingungen einer Art, so ist es wenigstens möglich, daß auch geringe Änderungen in ihrem Instinkt für sie nützlich sein werden. Wenn sich nun nachweisen läßt, daß Instinkte, wenn auch noch so wenig variieren, dann kann ich keine Schwierigkeit für die Annahme sehen, daß natürliche

1) Näheres über diese Darwinsche Theorie siehe bei **Hesse**, Abstammungslehre und Darwinismus. ANuG Bd. 39 und bei **Weismann**, Vorträge über Deszendenztheorie.

Zuchtwahl auch geringe Abänderungen des Instinkts erhalte und durch beständige Häufung bis zu einem vorteilhaften Grad vermehre. In dieser Weise dürften auch die zusammengesetztesten und wunderbarsten Instinkte entstanden sein. Wie Abänderungen im Körperbau durch Gebrauch und Gewohnheit veranlaßt und verstärkt, dagegen durch Nichtgebrauch verringert oder ganz eingebüßt werden können, so ist es zweifelsohne auch mit den Instinkten der Fall gewesen. Ich glaube aber, daß die Wirkungen der Gewohnheit in vielen Fällen von ganz untergeordneter Bedeutung sind gegenüber den Wirkungen natürlicher Zuchtwahl bei sogenannten spontanen Abänderungen des Instinktes, d. h. bei Abänderungen infolge derselben unbekannten Ursachen, welche geringe Abweichungen in der Körperbildung veranlassen." Die deszendenztheoretische Richtung, die auf den Franzosen Lamarck (1744—1829) zurückgeht, hält die Möglichkeit für gegeben, daß Anpassungen und Gewohnheiten, die erst im individuellen Leben eines Tieres durch veränderte Lebensbedingungen entstanden sind, sich ohne weiteres auf die Nachkommen vererben können. Im Sinne dieser Lehre ist es zu verstehen, wenn z. B. Preyer den Instinkt als „vererbtes Gedächtnis" bezeichnet oder wenn von den Instinkten einfach als von „ererbten Gewohnheiten" gesprochen wird. Die sogenannte neudarwinistische Richtung, welche unter der Führung von August Weismann nur die Zuchtwahl in ihren verschiedenen Formen (Naturzüchtung, geschlechtliche Zuchtwahl, Germinalselektion) als wirksame Faktoren bei der Artumänderung anerkennt und eine Vererbung individuell erworbener Eigenschaften bestreitet, erklärt die Entstehung der Instinkte nur mit Hilfe der Selektion, da die bei den Lebewesen beobachtete Zweckmäßigkeit auf eine andere Weise nicht wissenschaftlich erklärt werden kann. Diese Auffassung vertritt ein sehr großer Teil von Forschern.

Zusammenfassend können wir also über die Instinkthandlungen der Tiere folgendes sagen: Von rein physiologischen oder objektivpsychologischen Standpunkte aus sind sie Reflexkomplexe oder Reflexketten, daher ist eine deutliche Abgrenzung zwischen Reflexbewegung und Instinkthandlung nicht immer möglich. Vom subjektiv-psychologischen oder vergleichend psychologischen Standpunkt aus dagegen sind es solche Leistungen, die ohne Kenntnis des Zweckes, ohne individuelle Erfahrung und ohne Einsicht ausgeführt werden. Ihre Entstehung ist noch nicht in einer allseitig befriedigenden Weise aufgeklärt.

V. Gedächtnishandlungen.

Jennings Grundgesetz für die Grundlage des Gedächtnisses. Wenn ein Vogel, ohne dies je vorher gesehen zu haben, sein Nest baut, so handelt er, wie wir gesehen haben, instinktiv. Anders müssen wir aber die Handlung eines Vogels beurteilen, der jeden Tag an dieselbe Stelle kommt — wie ich dies einmal bei einer Krähe beobachtete —, weil sie dort gefüttert wird. Eine solche Handlung können wir nur dann verstehen, wenn wir dem Tiere ein Gedächtnis zuschreiben, sie stellt also eine Gedächtnisleistung dar. Solche Gedächtnishandlungen sind uns selbst sehr geläufig; ein sehr großer Teil unserer eigenen Handlungen stellt Gedächtnisleistungen dar. Aber auch in dem Tierreich sind sie weit verbreitet, nicht etwa nur bei den Wirbeltieren, sondern auch bei den wirbellosen Tieren. Die Bienen, die zu dem Bienenhaus immer wieder zurückkehren, müssen unbedingt ein „Gedächtnis" besitzen, oder objektiv gesprochen heißt dies: Die Reize, welche der Bienenstock auf sie ausübte, müssen in ihnen irgendwelche Spuren hinterlassen haben, welche ihnen bei der Rückkehr das Auffinden des Bienenhauses ermöglichen. Schon bei dem Trompetentierchen (Stentor), das zu den Einzelligen gehört, hat man beobachtet [68], daß eine Wiederholung eines schädlichen Reizes eine wirksamere Reaktion und die Wiederholung eines schwachen Reizes gar keine Reaktion oder eine noch schwächere veranlaßt, das Tier muß also durch den ersten Reiz in einen andern physiologischen Zustand versetzt worden sein, wodurch dann sein Verhalten auf den zweiten Reiz hin ein anderes wird. Jennings hat auf Grund seiner Beobachtungen an niederen Tieren folgendes Gesetz aufgestellt: „Der Übergang eines physiologischen Zustandes in einen anderen erfolgt leichter und schneller, wenn er sich mehrmals vollzogen hat. Wo immer wir dieses Gesetz wirksam finden, da haben wir auch die letzte Grundlage, auf welcher sich Gewohnheit und Gedächtnis (im objektiven Sinne) entwickeln, vor uns." Es muß also der erste Reiz gewisse „Spuren" oder Nachwirkungen, über deren Wesen wir aber noch nichts wissen, hinterlassen haben, die den physiologischen Zustand des Protoplasmas verändern. Semon [84,85] bezeichnet diese Spuren als „Engramme".

Begriff der Assoziation.[1]) Bei den höheren Tieren handelt es sich aber außer solchen Nachwirkungen noch um andere Vorgänge, welche wir als Assoziationen oder Verknüpfungen bezeichnen. Dieser wichtige Begriff wird uns am verständlichsten, wenn wir von der menschlichen Psychologie ausgehen. Wenn ein Kind in eine brennende Kerze greift, so hat es dabei mehrere psychische Erlebnisse, es sieht die Kerze, und hat damit eine sogenannte Gesichtswahrnehmung, gleichzeitig wirkt die Kerze aber auch auf die Schmerzpunkte der Haut ein, es hat also außerdem noch eine Schmerzempfindung, die ein Unlustgefühl auslöst, beide Erlebnisse hinterlassen Spuren, die aber nicht losgelöst und unabhängig voneinander sind, sondern miteinander eine gewisse Verbindung oder Verknüpfung eingehen. Was ist aber die weitere Folge dieser Verknüpfung? Sobald das Kind wieder einen brennenden Gegenstand sieht, wird nicht nur die Spur von dem früheren Gesichtseindruck neu belebt, sondern auch jene von der Schmerzempfindung hinterlassene Spur. Das Kind reproduziert sofort auch das Schmerzgefühl, wodurch sich eine „negative Reaktion" ergibt, denn „gebrannte Kinder fürchten das Feuer". Wir beobachten ebenso bei uns selbst, wie unsere psychischen Erlebnisse in der Erinnerung nicht plötzlich und unvermittelt „auftauchen", sondern durch andere vorausgegangene oder durch Wahrnehmungen usw. hervorgerufen werden. Die Erinnerungsvorstellung eines Glases Wein ruft in mir sofort die Erinnerung an seinen Geschmack, an die Wirtschaft, an die dort befindlichen und verkehren-

---

1) Neuerdings sucht man den Begriff der Assoziation durch den Begriff der Struktur zu beseitigen [Köhler, Koffka].

den Personen hervor, oder wie man sagt, sie reproduziert diese Vorstellungen, weil ich früher öfters alle diese Wahrnehmungen usw. gleichzeitig gemacht habe, weil alle diese optischen und chemischen Reize gleichzeitig oder rasch hintereinander auf mich einwirkten.

Einfaches und assoziatives Gedächtnis. Unser Gedächtnis beruht also erstens auf der Hinterlassung von Spuren in den Gehirnzentren und zweitens auf der Verknüpfung dieser Spuren, welche gleichzeitig oder rasch hintereinander einwirkende Reize hinterlassen haben, und drittens auf der Reproduktion (Wiedererregung) dieser hinterlassenen Spuren oder Nachwirkungen. Bei dem Stentor könnte man — falls man diesen Begriff überhaupt dort schon anwenden will — nur von einem „einfachen Gedächtnis" reden. Bei dem Kinde dagegen, das sich vor dem Feuer fürchtet, spricht man dann von einem „assoziativen Gedächtnis". In der menschlichen Psychologie versteht man allgemein unter Assoziation die Verknüpfung von Bewußtseinserlebnissen. Je nachdem diese Assoziation sich auf Erlebnisse bezieht, die man gleichzeitig oder hintereinander hatte, spricht man von simultanen oder sukzessiven Assoziationen. Für die Tierpsychologie ist aber die obengenannte Definition der Assoziation als einer Verknüpfung von Bewußtseinserlebnissen nicht geeignet, und wir verstehen deshalb unter Assoziation besser die Verknüpfung von Spuren, welche durch Reize veranlaßte Erregungen hinterlassen haben, da diese Definition in der menschlichen Psychologie [3] wie in der Tierpsychologie vom objektiven und vom subjektiven Standpunkt aus brauchbar ist, insofern als eben die Frage nach begleitenden „Bewußtseinserlebnissen" offen bleibt. Die Bedeutung der Assoziationen für die Tierpsychologie liegt darin, daß sie erstens eine große methodische, zweitens eine erklärende und drittens eine praktische Bedeutung haben.

Assoziationsreflexe; ihre Bedeutung bei Hunden. Die Physiologie und objektive Psychologie führten außer dem Assoziationsbegriff noch einen neuen Begriff ein, nämlich den Begriff des Assoziationsreflexes, den wir an einer für die Methode der Tierpsychologie sehr bedeutsam gewordenen Versuchsanordnung näher erläutern wollen, welche der russische Forscher Pawlow im Institut für experimentelle Medizin in Petersburg ersonnen hat, und die man deshalb kurzweg auch als die Pawlowsche Methode bezeichnet [83]. Sie beruht darauf, daß der Speichelreflex beim Hunde, also die Aussonderung des Speichels aus einer Speicheldrüse (z. B. der Parotis), jederzeit durch bestimmte Reize hervorgerufen werden kann. Auf operativem Wege wird die Mündung der Speicheldrüse nach außen verlegt und an der Öffnung der Speichel dann durch ein Gefäß aufgefangen. Gibt man nun dem Hunde etwas zu fressen, so beginnt sofort die Drüsenausscheidung, aus der Öffnung fließt der Speichel heraus. Nun hat sich aber gezeigt, daß die Speichelabsonderung nicht etwa erst während des Fressens eintritt, sondern daß schon der Anblick des Freßnapfes genügt, um die Speicheldrüsen in Tätigkeit zu setzen, also den Reflex auszulösen. In diesem Falle wird dann der Speichelfluß nicht durch den Reiz der Nahrung, den diese im Munde des Hundes ausübt, ausgelöst, sondern durch einen anderen Reiz, einen optischen Reiz, der durch den Anblick des Futternapfes hervorgerufen wird, und der mit dem ursprünglichen Reiz immer gleichzeitig oder kurz vorher dargeboten wurde. Die Auslösung des Reflexes erfolgte also nicht auf gewöhnlichem, sondern auf assoziativem Wege durch einen begleitenden Reiz, der an und für sich den Reflex nicht hervorrufen würde, wenn er nicht immer gleichzeitig mit dem ursprünglichen den Reflex bedingenden Reiz dargeboten worden wäre. Diesen auf assoziativem Wege ausgelösten Reflex bezeichnet man daher als Assoziationsreflex. Zeigt man nun aber dem Hund öfters das Futter, ohne ihm von der Speise etwas zu geben, so wird der Speichelfluß mit jedem Versuch geringer. Die Assoziation zwischen dem ursprünglichen, den Speichelreflex ohne weiteres auslösenden Reiz wird immer mehr gelockert, bis sie schließlich ganz gelöst wird, was in dem Aufhören der Speichelabsonderung zum Ausdruck kommt. Der Assoziationsreflex stellt sich aber wieder ein, wenn man dem Hunde das Futter nicht nur zeigt, sondern auch wieder darbietet.

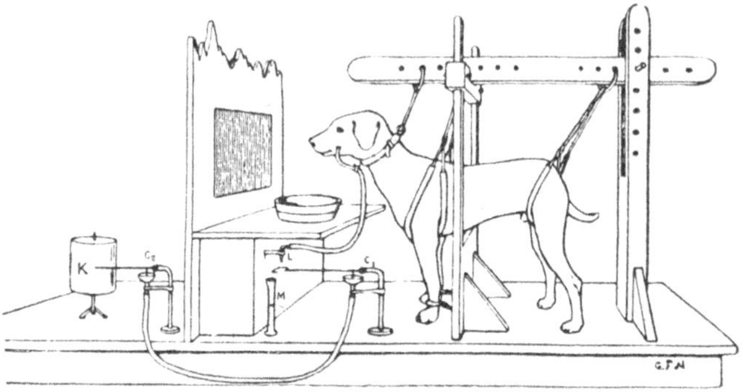

Abb. 24. Versuchsanordnung zum Studium der Assoziationsreflexe. Nach Nikolai.

Die große methodische Bedeutung dieses Speichelreflexes, der also auch auf assoziativem Wege hervorgerufen werden kann, beruht vor allem darin, daß wir mit seiner Hilfe sehr schwierige Probleme der Tierpsychologie, wie z. B. das Farbenerkennungsvermögen, die Unterscheidung von Klängen, den Formensinn usw., der Lösung näher bringen können. Die Versuchsanordnung ist dann die obige (Abb. 24). Der Hund wird so angeleint, daß er noch bequem stehen und unter Umständen in dieser Stellung noch schlafen kann. In den Speichelgang wird eine kleine Kanüle eingeführt, an welche ein Schlauch angeschlossen ist. Die Zählung der Speicheltropfen erfolgt durch Selbstregistrierung. Jeder Tropfen fällt zunächst auf das Ende eines Hebels (C_1), der mit einer Mareyschen Kapsel verbunden ist, deren Membran dadurch jedesmal erschüttert wird, und gelangt dann in das Meßgefäß M. Durch Luftübertragung wirkt dann diese Erschütterung auf eine zweite Mareysche Kapsel, die ihrerseits dann wiederum bei jedem Tropfen den Schreibhebel (C_2) bewegt. Auf dem Kymographion (Registriertrommel) (K), das sich mit einer bestimmten Geschwindigkeit dreht, wird dann der Speichelfluß genau registriert (Abb. 25). Um aber alle möglichen Fehlerquellen auszuschalten, hat man sehr viele Vorsichtsmaßregeln zu treffen. Am besten ist es, wenn die Auslösung der Reize und die Fütte-

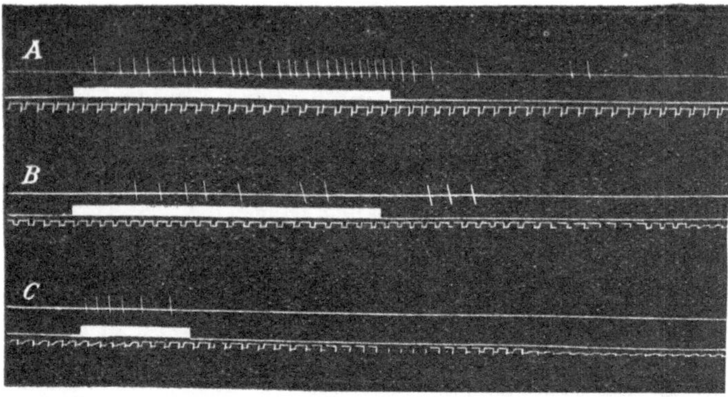

Abb. 25. Graphische Registrierung der Speichelsekretion. Aus Journal für Psychologie und Neurologie von August Forel und Oskar Vogt, 1917. Johann Ambrosius Barth, Leipzig. Es bezeichnet jedesmal: in der obersten Linie jede Zacke den Ausfluß eines Speicheltropfens (0, 1 g); in der zweiten Linie die dicke Linie die Zeit der Einwirkung des Reizes; in der dritten Linie jede Zacke = 3 sek. In *A* wird der Hund gefüttert, in *B* wird dem Hunde das Fressen gezeigt, in *C* wird dem Hund rotes Licht gezeigt, das er während 4 Wochen täglich beim Fressen gesehen hat.

rung von einem Nebenraum ausgeht, ähnlich wie dies in den Automatenrestaurants der Fall ist, damit überhaupt keine Person im selben Raum sich während des Versuchs aufzuhalten braucht. Auch das Kymographion kann in dem Nebenraum Aufstellung finden. Denn sonst bilden sich leicht unerwünschte Assoziationen mit den begleitenden störenden Reizen, und der Hund reagiert auf diese anstatt auf die gewünschten, was dann Veranlassung zu ganz irrtümlichen Versuchsergebnissen geben kann. Nikolai [82] hat mit dieser Methode untersucht, ob der Hund z. B. einen Kreis von einem Quadrat unterscheiden kann, indem er mit dem Darreichen des Futters gleichzeitig dem Hunde einen Kreis zeigte. Außerdem wurde aber dem Hunde auch mehrfach ein Quadrat gezeigt, aber ohne ihn dabei zu füttern. Der Reflex verschwand dann für das Quadrat, während er für den Kreis bestehen blieb. Ebenso verschwand er für ein Fünfeck und Sechseck. Es wäre nun sehr interessant festzustellen, für welches Vieleck er nicht verschwindet, von wann ab der Hund ein Vieleck mit einem Kreis verwechselt. Denn dadurch würden wir einen tieferen Einblick in den „Formensinn" des Hundes gewinnen können. Hier liegt noch ein großes Gebiet der wissenschaftlichen Tierpsychologie unerforscht vor uns. Auch den Farbensinn des Hundes hat man auf diese Weise zu untersuchen versucht, indem man dem Hunde rote und grüne Scheiben in verschiedenen Helligkeitsabstufungen zeigte. Während die Versuche bei Pawlow positiv ausfielen, erhielt Nicolai negative Resultate. Wir wissen aber durch die Forschungen von v. Heß [1]) und von v. Frisch, daß derartige Untersuchungen sehr schwierig exakt durchzuführen sind, weil eine Menge von Fehlerquellen möglich ist, welche sich trotz aller Kritik und alles Scharfsinnes doch nie ganz ausschließen lassen. Deshalb bedürfen alle diese Versuche nochmals einer genauen Nachprüfung. Mit der Speichelreflexmethode wurde auch der Gehörssinn des Hundes untersucht, wobei sich herausstellte, daß Hunde noch Töne erkannten, die um ein Viertel des ursprünglichen Tones zu hoch oder zu tief waren. Aus diesen Untersuchungen hat sich ergeben, daß der Hund — abgesehen von den Geruchsreizen — am besten akustische Reize voneinander unterscheidet, dann folgen mechanische, darauf optische und zuletzt Temperaturreize.

An Stelle des Speichelflusses können aber auch andere Reaktionen durch einen assoziativen Reiz ausgelöst werden. In der menschlichen Psychologie bedient man sich zur Untersuchung der Gefühle und Ausdrucksbewegungen vielfach der sogenannten Ausdrucksmethode. Viele psychische Erlebnisse, wie Empfindungen, Lust- und Unlustgefühle äußern sich beim Menschen in einer Veränderung der Atembewegungen. Der sogenannte Pneumograph ermöglicht eine genaue graphische Registrierung der Atembewegungen. Man hat diese Methode auch mit Erfolg in der Tierpsychologie angewandt. Einen Schuß beantwortet das Versuchstier, z. B. ein Hund, mit einer tiefen Einatmung, die mit Hilfe des Pneumographen auf dem Kymographion sich selbsttätig registriert. Mit diesem ursprünglichen Reiz assoziieren (verknüpfen) wir einen anderen Reiz, z. B. einen Lichtreiz. Erfolgt die gleichzeitige Wiederholung der beiden Reize öfters, so kommt eine Assoziation zwischen den Nachwirkungen dieser Reize zu-

1) Siehe weiter unten.

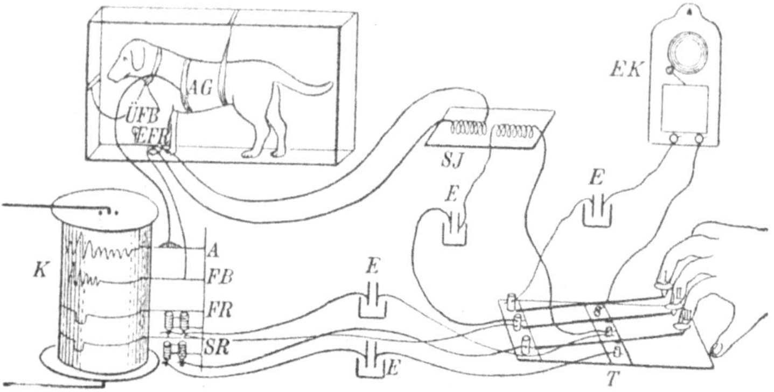

Abb. 26. Versuchsanordnung zum Studium der Assoziationsreflexe bei Hunden mit Hilfe der Atmung und des Pfotenbewegens. I. Sinnesreizung, II. Faradische Reizung und Registrierung derselben, III. Reizmarkierung. *AG* Atmungsgürtel, *ÜFB* Übertragung der Pfotenbewegung, *A* Registrierung der Atmung, *FB* Registrierung der Pfotenbewegung, *FR* Registrierung des Pfotenreizes, *SR* Markierung des Sinnesreizes, *E* Element, *SJ* Schlitteninduktorium, *EK* Elektrische Klingel, *T* Taster.

stande, der Hund antwortet mit einer tiefen Einatmung auch schließlich auf den Lichtreiz allein. Es handelt sich also auch hier um einen Assoziationsreflex. Eine ähnliche Methode wurde von Henning benutzt, um den Geruchssinn des Hundes zu untersuchen.[1]) Statt der Atembewegungen lassen sich aber auch noch andere Reaktionen des Hundes auf assoziativem Wege auslösen. Man kann beim Hunde z. B. sehr leicht ein Heben eines Beines veranlassen, wenn man auf dieses einen elektrischen Reiz ausübt. Mit diesem Reiz kombiniert man nun einen anderen Reiz, auf den der Hund sonst nicht mit der Pfotenbewegung reagiert. Nach einigen Wiederholungen ist aber die Assoziation hergestellt und der Hund beantwortet auch den anderen Reiz mit der Pfotenbewegung. Bei diesen Versuchen, deren exakte Durchführung aber eine eingehende Kenntnis der psychologischen und physiologischen Untersuchungsmethodik erfordert, kann man dann auf dem Kymographion auf elektrischem Wege alles registrieren, worauf es ankommt, die Atmung, die Pfotenbewegung, die kombinierten Reize, die Zeit usw. Abb. 26 gibt eine Versuchsanordnung wieder, wo

1) Henning, Geruchsversuche am Hund. Zeitschr. f. Biologie Bd. 70.

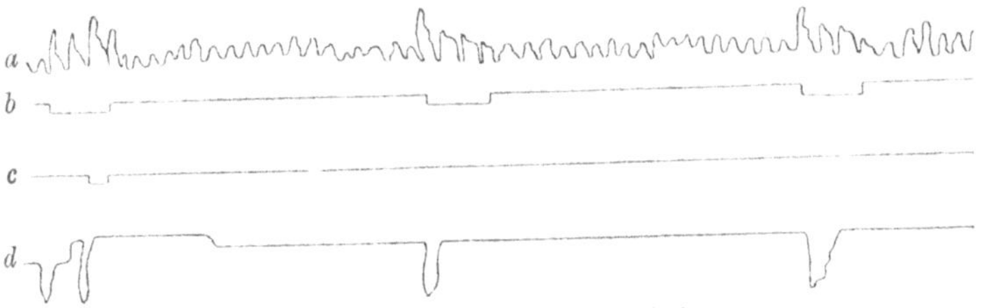

Abb. 27. Assoziationsreflexe auf Tastreize.
a Atmung, *b* Tastreize, *c* elektrische Reizung, *d* Pfotenbewegung.

die Atem- und Pfotenbewegung gleichzeitig zur Untersuchung benützt wird. Abb. 27 gibt die Registrierung auf dem Kymographion wieder. Dabei ließ man auf den Hund einen Tastreiz einwirken. Wir sehen an den Kurven, daß dem Hund zunächst gleichzeitig ein Tastreiz und der Reiz auf den Fuß dargeboten wurde (c), die er sofort mit einer Atmungsveränderung beantwortet. Nachher wurde aber die elektrische Reizung des Fußes unterlassen und dem Hunde wieder derselbe Tastreiz dargeboten. Auf Grund der vorher zustandegekommenen Assoziation reagiert er nun aber auf diesen Tastreiz ebenfalls, wenn auch nicht so stark — wie wir aus den Kurven ersehen (a und d).

Die Dressur der Bienen auf Farben. Den methodischen Wert, den für die Tierpsychologie die Bildung von Assoziationen hat, soll uns noch ein sehr wichtiges Problem der Biologie zeigen. Es war bis vor kurzem eine weit verbreitete Ansicht, daß die Insekten, z. B. die Bienen, durch die Farben der Blumen angelockt werden. Man hat damit den Bienen ein Farbunterscheidungsvermögen zugesprochen. v. Heß [69, 89] spricht den Bienen aber eine Farbenunterscheidungsfähigkeit ab, er hält sie für farbenblind. Seine Versuche stützte er hauptsächlich auf das Verhalten der Tiere im Spektrum und auf biologische Gründe. Er sagt darüber: „Lange Zeit hindurch, so müssen wir wohl annehmen, war das Leben der Tierwelt auf das Wasser beschränkt; und so mannigfach verschieden Bau und Entwicklung des äußeren Auges der Wassertiere ist, bei allen zeigen die von nervösen Sehorganen vermittelten Lichtreaktionen im wesentlichen die gleiche Abhängigkeit von der Wellenlänge, in der wir eine so wundervolle Anpassung an die besonderen Bedingungen des Wasserlebens kennen lernten. Erst mit dem Übergange zum Luftleben konnte die Entwicklung eines Farbensinnes für die tierischen Lebewesen von wesentlicher Bedeutung werden. Indessen zeigen, wie wir sahen, die bisher von mir untersuchten, in Luft lebenden Wirbellosen in den hier in Betracht kommenden Beziehungen ähnliches oder gar das gleiche Verhalten ihres Lichtsinnes wie die Wassertiere und wie der total farbenblinde Mensch; hier bei den Wirbellosen, hat also der Übergang zum Luftleben nicht auch zur Entwicklung der Fähigkeit der Farbenempfindung geführt. Während man bisher einen Farbensinn in der Tierreihe weit verbreitet glaubte, zeigen meine Untersuchungen, daß ein solcher allein bei den in Luft lebenden Wirbeltieren zur Entwicklung gekommen ist." Auf Grund einer anderen Methode, welche im Prinzip der oben geschilderten Assoziationsreflexmethode ähnlich ist, kam v. Frisch [86—88] zu ganz anderen Ergebnissen. Er stützte seine Resultate auf folgende Tatsachen und Versuche: „Die Schlußfolgerungen, die v. Heß aus seinen Versuchen zog, sind, so bestechend sie auf den ersten Blick erscheinen mögen, nicht zwingend. Darum versuchte ich der Frage auf anderen Wegen beizukommen, und so zu einer Bestätigung oder Widerlegung seiner Schlüsse zu gelangen. Ich wählte als Versuchstier die Honigbiene, die aus verschiedenen Gründen zu solchen Experimenten besonders geeignet ist und überdies unter allen heimischen Insekten die eifrigste und wichtigste Blütenbestäuberin ist. . . . Vor allem mußte die Frage nach dem Vorhandensein eines Farbensinnes entschieden werden. Die Methode ergibt sich aus folgender Überlegung: ist ein Tier total farbenblind, so sieht es ein farbiges, sagen wir ein blaues Papier genau so wie ein graues Papier von bestimmter Helligkeit. In einer Serie grauer Papiere, die in hinreichend feinen Helligkeitsabstufungen von Weiß durch alle Schattierungen des Grau bis zu Schwarz führt, muß daher ein Grau enthalten sein, welches für das Tier mit dem Blau identisch ist. Legt man den Bienen ein blaues Papierblatt in einer solchen Serie grauer Blätter vor, so

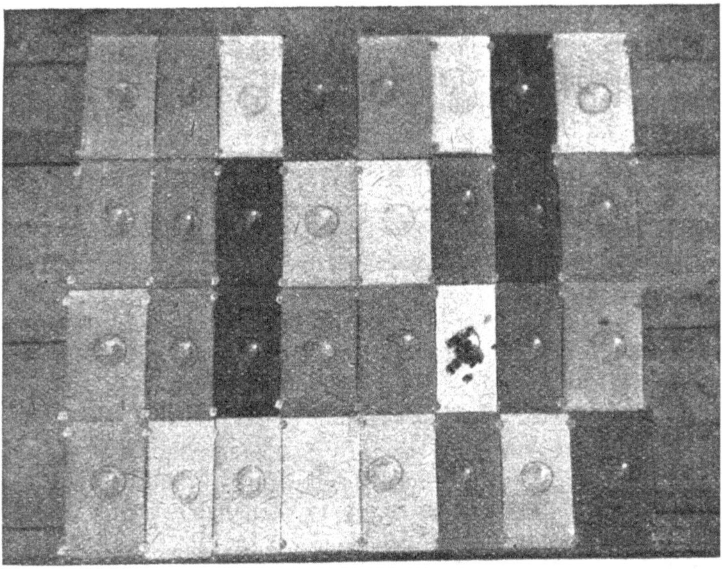

Abb. 28.

können sie, wenn sie total farbenblind sind, das Blau nicht mit Sicherheit herausfinden, sie müssen dasselbe mindestens mit einem der grauen Blätter verwechseln. Um darüber Aufschluß zu erhalten, müssen wir sie nur veranlassen, nach dem Blau zu suchen, und das gelingt durch Dressur mit Hilfe von Zuckerwasser. Wir ordnen die Serie graues Papier zu einem Schachbrettmuster an (Abb. 28) und fügen an einer beliebigen Stelle ein blaues Papier von gleicher Größe, Gestalt und Oberflächenbeschaffenheit ein. Auf jedes Papier kommt ein Glasschälchen, aber nur das Schälchen auf dem blauen Papier wird mit Zuckerwasser gefüllt. Die Bienen tragen den begehrten Stoff eifrig ein und emsig sammelnd kehren die gleichen Tiere immer wieder zurück. Wir verändern innerhalb des Schachbrettmusters häufig die Lage des blauen Papiers, um zu vermeiden, daß sich die Bienen mit ihrem ausgeprägten Ortssinn, daran gewöhnen, das Futter an einer bestimmten

Stelle vorzufinden. Nachdem wir so die Tiere einige Stunden lang auf Blau „dressiert“ [1]) haben, entfernen wir alle Papiere und ersetzen sie durch eine andere, genau gleiche Serie grauer Papiere, die völlig rein sind und noch nie mit Bienen in Berührung waren, und fügen an einer vom Platze der letzten Fütterung abweichenden Stelle ein ebenfalls reines blaues Papier ein. Die Verwendung frischer Papiere ist notwendig, da Blätter, die mit Zuckerwasser beschmutzt sind oder durch Berührung mit Bienen einen Bienengeruch angenommen haben, zu Fehlerquellen werden können. Nun setzen wir auf jedes Blatt ein sauberes Glasschälchen und lassen alle Schälchen, auch das auf dem blauen Papier leer. Sehen die Bienen das blaue Papier wie ein Grau von bestimmter Helligkeit, so können sie es nun, da es an einer anderen Stelle liegt als bei der letzten Fütterung, da ferner sein Schälchen kein Zuckerwasser enthält und da alle Helligkeitsabstufungen des Grau auf dem Tische vertreten sind, nicht herausfinden. Tatsächlich aber fliegen sie sofort auf das Blau los und suchen hartnäckig das leere Schälchen auf dem blauen Papier, und nur dieses, nach dem gewohnten Zuckerwasser ab. Ein solcher Moment ist in der Photographie Abb. 28 festgehalten. D a m i t i s t d e r N a c h w e i s e r b r a c h t, d a ß d e n B i e n e n e i n F a r b e n s i n n z u k o m m t. Man kann nun einen Schritt weitergehen und über die Beschaffenheit ihres Farbensinnes Aufschluß suchen. So wie die Dressur auf Blau, gelingt auch die Dressur auf violette, purpurrote, gelbe, gelbgrüne und orangerote Papiere ohne die geringste Schwierigkeit; dagegen mißlingt der Versuch, die Bienen auf ein gewisses Blaugrün zu dressieren; sie verwechseln diese andauernd mit grauen Papieren; sie benehmen sich so, als wäre das blaugrüne Papier für sie ein Grau von mittlerer Helligkeit. Und ein gewisses Rot, welches dem Scharlachrot nahe steht und von einer Blaubeimischung frei ist, verwechseln sie auch nach lange fortgesetzter Dressur andauernd mit dunkelgrauen und schwarzen Papieren. Sie nehmen also manche Farben, nämlich ein gewisses Rot und ein gewisses Blaugrün nicht als Farben wahr. Fast

1) Über den Begriff der Dressur siehe Abschnitt VII.

genau das gleiche Rot und Blaugrün wird von manchen partiell farbenblinden Menschen, den „Rot-Grün-Blinden", nicht farbig gesehen, und zwar erscheint auch diesen Menschen das Blaugrün wie ein Grau von mittlerer Helligkeit; das Rot sehr dunkel, beinahe schwarz. Ja, die Übereinstimmung geht noch weiter: Die rot-grünblinden Menschen sehen an Stelle der zahllosen Farbentöne, die das normale Menschenauge unterscheidet, nur zwei, eine warme Farbe („Gelb"), welche die orangeroten, gelben und gelbgrünen Töne umfaßt, und eine kalte Farbe („Blau"), als welche Blau, Violett und Purpurrot erscheinen. Wenn man nun dressierten Bienen die Aufgabe stellt, die Dressurfarbe unter zahlreichen verschiedenen Farben herauszufinden, so zeigt sich, daß auch sie einerseits Orangerot, Gelb und Gelbgrün, anderseits Blau, Violett und Purpurrot untereinander vollständig verwechseln. Der Farbensinn der Bienen zeigt also eine weitgehende Übereinstimmung mit dem Farbensinn eines rot-grünblinden (protanopen) Menschen. Es steht mit der Lehre, daß die Blumenfarben als Anpassung an den Insektenbesuch aufzufassen seien, in guter Übereinstimmung, daß jene Farben, die vom Bienenauge nicht farbig gesehen werden, also blaugrün und reines Rot, als Blumenfarben in unserer Flora nur äußerst selten vorkommen." Mit einer ähnlichen Dressurmethode hat v. Frisch auch den Geruchssinn untersucht, wobei er zu dem Ergebnis kommt, daß der Geruchssinn der Biene keineswegs wesentlich schärfer als der des Menschen ist. Wenn die Bienen auf Duft und Farbe gleichzeitig dressiert wurden, so flogen sie zunächst in der Richtung der Dressurfarbe, erst in nächster Nähe orientieren sie sich dann nach dem Duft. Kühn und Pohl [71] haben diese Dressurmethode ebenfalls angewendet, es gelang ihnen, die Bienen auf Spektrallinien zu dressieren und bei ihnen den sogenannten simultanen Farbenkontrast nachzuweisen, wodurch die Annahme eines Farbensinnes bei den Bienen eine weitere Stütze erhält.

Erklärende Bedeutung der Assoziationen. Instinkthandlungen und Erfahrungshandlungen. Aus all den angeführten Untersuchungsmethoden ersehen wir, welch große methodische Bedeutung die Assoziationen haben, da sie die Möglichkeit geben, das Verhalten der Tiere und seine Beeinflussung durch die verschiedensten Reize zu erforschen. Nun haben die Assoziationen für den Tierpsychologen aber auch eine erklärende Bedeutung, insofern als es uns gelingt, sehr viele Handlungen der Tiere, die uns vielleicht zunächst merkwürdig und durch abstraktes Denken oder Überlegung bedingt erscheinen, ohne weiteres dadurch zu erklären, daß wir sie auf Assoziationsvorgänge zurückführen. An einem Beispiel mag dies noch näher erläutert werden: Wir wissen alle, daß die Hühner der fütternden Person entgegenlaufen, wenn diese „komm bibi" oder ähnliche Laute äußert. Aber, wenn man ihnen auch gar kein Futter bringt, kommen sie auf dieses Lautzeichen. Diese Handlung der Tiere stellt keine Denkhandlung dar, sondern hier handelt das Tier aus individueller Erfahrung, wir haben hier eine gedächtnismäßige Handlung vor uns, im Gegensatze zu der instinktiven Handlung des jungen Hühnchens, das ohne alle Erfahrung sofort zu picken anfängt. Auf das Huhn wirken sehr oft mehrere Reize gleichzeitig, z. B. all die optischen Reize, die von der fütternden Person ausgehen, dann das Aussprechen der Locklaute, endlich dann die Reize — und das sind nicht die unwirksamsten —, die vom Futter ausgehen usw., ein, die „Erregungsspuren" dieser Reize werden infolge der öfteren Wiederholung miteinander verknüpft, so daß der erste Reiz, z. B. das Lautzeichen, alle Spuren der bisher gleichzeitig dargebotenen Reize ebenfalls wiedererregt und belebt oder, subjektiv gesprochen, daß sich das Tier an die früheren Sinneseindrücke erinnert.

VI. Denkhandlungen.

Die Frage, ob die Tiere denken können, wird sehr viel erörtert; ebenso die Frage, ob man den Tieren Verstand, Intelligenz oder Vernunft zusprechen dürfe. Dabei ist man sich meist gar nicht einig, was man eigentlich unter all diesen Begriffen „Verstand" „Intelligenz" usw. zu verstehen hat. Meistens gebraucht man dabei alle diese Ausdrücke in einem sehr verschwommenen Sinne, im Sinne des täglichen Lebens. Mit all diesen popularpsychologischen Begriffen ist deshalb immer die große Gefahr des aneinander Vorbeiredens verbunden, da der eine z. B. unter dem Begriffe „Denken" etwas ganz anderes versteht als der andere. Es ist nämlich ein großer Unterschied, wenn ich sage: Ich habe an den Blitz gedacht oder, wenn ich sage: ich habe an die Ursachen des Blitzes gedacht. Im ersteren Falle heißt es soviel, wie ich habe mir den Blitz vorgestellt. Es liegt hier eine sogenannte Erinnerungsvorstellung vor, der betreffende psychische Vorgang stellt also eine gedächtnismäßige Leistung dar. Anders verhält sich die Sache im zweiten Fall. Da handelt es sich nicht nur um Erinnerungsvorstellungen, sondern um viel kompliziertere Erscheinungen. Schon der Begriff „Ursache" ist von uns nicht einfach aus gewissen Erinnerungsvorstellungen gewonnen, sondern hierbei spielen sich noch Prozesse ab, die wir als ein Abstrahieren, als ein Absehen von Einzeldingen, bezeichnen, wir reden dann gewöhnlich von Nachdenken anstatt von Denken schlechtweg oder von Überlegen. Es kommt demnach für den Tierpsychologen in erster Linie darauf an, was er unter Denken versteht. Wir wollen — wie dies die Mehrzahl der Psychologen verlangt — den Begriff Denken stets im Sinne von Nachdenken und Überlegen gebrauchen. Wir rechnen zu den Denkvorgängen das Abstrahieren, Begriffe-Bilden, Urteile-Fällen, Logische-Schlüsse-Ziehen usw. Das logische Denken gestattet uns Einsicht in die Ursachen und Beziehungen, welche zwischen den Vorgängen der Außenwelt bestehen; es gestattet ein Vergleichen und Messen, woraus sich dann ein so allgemeiner Begriff, wie jener der Zahl ergibt. Wir dürfen deshalb Denkleistungen nicht mit Gedächtnisleistungen verwechseln. Alle Gedächtnisleistungen erkennt man daran, daß sie auf Assoziationen beruhen, und daß es bei ihnen auf eine ganz bestimmte Reihenfolge ankommt. Beim Aufsagen eines Gedichtes folgt auf jedes Wort ein ganz bestimmtes anderes. Most [103] gibt ein gutes Beispiel, woran man sich den Unterschied zwischen Gedächtnis- und Denkleistungen klarmachen kann: Die Zahlenreihe 2, 4, 8, 16, 32, 64, 128 kann man sofort wieder aufsagen; ja, ohne sie jemals dem Gedächtnis eingeprägt zu haben, kann man diese Zahlenreihe beliebig fortsetzen, da wir die Beziehungen zwischen den Zahlen (jede ist das Doppelte der vorhergehenden) durch einen Denkvorgang erfassen. Wird uns aber eine beliebige Zahlenreihe vorgesagt, z. B. 5, 2, 13, 75, 9, 217, 28, 55 usw., so müßten wir diese Zahlenreihe erst durch mehrfache Wiederholung auswendig lernen, das Aufsagen dieser Reihe würde dann eine rein gedächtnismäßige Leistung darstellen. Nachdem wir unter Denken nur ein logisches, selbständiges Denken verstehen wollen, wie es durch Begriffe-Bilden, Urteile-Fällen, Schlüsse-Ziehen usw. charakterisiert ist, wollen wir das Denkproblem bei den Tieren zu lösen suchen.

Angebliche Denkleistungen der Bienen und Ameisen. Wie wir schon im Abschnitt II an dem Beispiel des Wasmannschen Uhrschalenversuchs gesehen haben, neigt der naive Beobachter dazu, auf Grund von Zufallsbeobachtungen z. B. den Ameisen und Bienen ein hohes Maß von „Intelligenz" zuzusprechen. Davon kann aber nach den eingehenden Untersuchungen von Lubbock, Wasmann, Bethe, Escherich, v. Buttel-Reepen und anderen Forschern gar keine Rede sein. Die wunderbaren Leistungen dieser Tiere, wie sie z. B. bei den Ameisen in der Pflege von Blattläusen und in ihrem Verhältnis zu ihren Gästen zum Ausdruck kommen, sind nichts anderes als Instinkthandlungen. Der Beweis dafür ist leicht zu erbringen. Wasmann setzte ganz jungen, also vollständig „unerfahrenen" Arbeiterinnen, die also eben aus der Puppe ausgeschlüpft waren, Blattlauseier vor. Die Eier wurden von diesen unerfahrenen Ameisen aber genau so behandelt wie von den alten Ameisen, obwohl sie doch gar keine Kenntnis von der zukünftigen Entwicklung der Blattlauseier haben konnten. Neben Instinktleistungen beobachten wir aber auch Handlungen, die wir nur verstehen können, wenn wir den Ameisen ein Gedächtnis zusprechen. Hierher gehört vor allem das Wiederauffinden des Nestes, das nur dadurch möglich ist, daß die Ameisen Assoziationen bilden, also individuelle Erfahrungen machen können. Die wunderbaren Leistungen der Ameisen und Bienen lassen sich restlos auf rein instinktive und gedächtnismäßige Leistungen zurückführen, und wir haben gar keinen Grund, bei diesen Tieren von einem selbständigen Denken oder von Überlegungen zu sprechen.

Der kluge Hans. Wie steht es aber mit dem Denkvermögen der höheren Tiere, insbesondere der Säugetiere? Vor einigen Jahren hörte man sehr viel von denkenden Tieren, von buchstabierenden und rechnenden Pferden, Hunden und Affen.[1]) Insbesondere erregten seinerzeit die wunderbaren Denk- und Rechenleistungen des „klugen Hans" sehr großes Aufsehen. Da der kluge Hans in der Geschichte der Tierpsychologie eine sehr große Bedeutung gewonnen hat, so will ich eine kurze Schilderung seiner Leistungen geben, und im Anschluß daran wollen wir dann sehen, wie die exakt arbeitende wissenschaftliche Psychologie diese wunderbaren Leistungen aufklärte.

Im Jahre 1904 ging durch fast alle Zeitungen Deutschlands die Nachricht von den erstaunlichen Denk- und Rechenleistungen des klugen Hans in Berlin. Der Besitzer des Pferdes, Herr v. Osten, war früher Mathematiklehrer und außerdem ein leidenschaftlicher Jäger, Reiter und Pferdefreund. Da das Pferd nicht sprechen kann, so ersann v. Osten ein anderes Ausdrucksmittel, nämlich das Anklopfen mit dem Vorderfuße. Die Zahlen wurden durch Treten mit dem rechten Vorderfuß bezeichnet. Wurde Hans z. B. gefragt: Durch welche Zahlen ist 28 teilbar? so trat er nacheinander die Zahlen 2, 4, 7, 14, 28. Die Frage: Wieviel ist $^2/_5 + ^1/_2$? beantwortete er damit, daß er zuerst den Zähler 9 und dann den Nenner 10 klopfte. Aber nicht nur rechnen, sondern auch lesen und buchstabieren konnte Hans: Jeder Buchstabe und die wichtigsten Doppellaute wurden durch ihre Stelle innerhalb einer Zahlenreihe ausgedrückt. Der Buchstabe i z. B. stand in der dritten Horizontalreihe und zwar an der zweiten Stelle. Er wurde von

1) Ich bin leider gezwungen, auf die sogenannten denkenden Tiere eingehend einzugehen, weil darüber noch ganz falsche Ansichten verbreitet sind [31] und weil die Untersuchungen dieser Tiere gute Beispiele bieten für die psychologische Methodik.

dem Pferd in der Weise bezeichnet, daß es zunächst 5 klopfte und dann 2. G stand in der zweiten Horizontalreihe an 7. Stelle, demnach wurde es durch 2 und 7 Klopfschläge bezeichnet. Auf die Frage: „Was hält die Dame in der Hand?“ buchstabierte Hans sofort: 5, 2; 3, 2; 4, 6; 3, 7, d. h. „Schirm“. Außerdem konnte Hans den Wert der Münzen, er konnte die Spielkarten genau unterscheiden und war imstande, an der Uhr die Zeit auf die Minute abzulesen. Dazu kam noch eine große musikalische Begabung, insofern als Hans über ein absolutes musikalisches Gehör verfügte. Er konnte jeden vorgesungenen oder vorgeblasenen Ton sofort bezeichnen. Diese wunderbaren Leistungen des klugen Hans schienen nun unsere ganzen Anschauungen über die Tiere umzuwerfen. Gelehrte und Naturforscher suchten das Tier auf und traten dann vielfach öffentlich für die Glaubwürdigkeit der Leistungen ein. Bald bildeten sich mehrere Parteien, welche auf die verschiedensten Weisen die Leistungen des Tieres zu erklären suchten. Die einen hielten den Nachweis eines selbständigen Denkvermögens für erbracht, während die anderen an der Glaubwürdigkeit des Herrn v. Osten zweifelten und die Leistungen des Tieres auf Dressur mit heimlichen Zeichen zurückführten. Wieder andere glaubten alles auf ein gutes Gedächtnis zurückführen zu können. Ja selbst unbekannte Strahlen und „Gedankenwellen“ mußten herhalten. In einer Zeitung hieß es: „Auf Grund meiner schärfsten Kontrolle bin ich der Überzeugung, daß das Pferdegehirn die Gedankenwellen aufnimmt, die das Gehirn seines Herrn aussendet; denn Geistesarbeit ist nach dem Urteil der Wissenschaft auch eine mechanische Arbeit.“ Selbstverständlich durften auch die Erklärungsversuche mit „tierischem Magnetismus“, „hypnotischer Einwirkung“, „Suggestion“, „Telepathie“ usw. nicht fehlen. So schrieb ein Berichterstatter kurz und bündig: „Die verblüffende Erscheinung, daß ein Tier menschlich zu denken scheint, ist einfach auf Suggestion zurückzuführen.“ Hierbei wird natürlich mit dem Begriff der Suggestion[1]) geradezu ein Mißbrauch

1) Über Suggestion vgl. Trömer, Hypnotismus und Suggestion. ANuG Bd. 199.

getrieben. Wir sehen also, daß hier eine Menge von Theorien aufgestellt wurden, die großenteils mehr oder weniger willkürlich waren und daher einer wissenschaftlichen Kritik nicht standhalten konnten. Die Aufstellung von Theorien konnte jedoch das Problem nicht lösen, sondern es galt hier zunächst dem einzig richtigen methodischen Forschungsprinzip zu folgen, welches besagt: Wo Probleme auf dem Wege der Erfahrung, nämlich mit den Hilfsmitteln der Beobachtung, des Experiments und der Statistik entschieden werden können, da muß dieser Weg auch eingeschlagen werden. Aber man kann immer wieder beobachten, wie diese methodische Forderung noch häufig unbeachtet bleibt und schon zu frühe und voreilig Theorien und Hypothesen aufgestellt werden.

Auf Veranlassung von C. Stumpf, Professor der Psychologie an der Universität in Berlin, hat O. Pfungst den klugen Hans eingehend mit den methodischen Hilfsmitteln der wissenschaftlichen Psychologie untersucht und das Problem aufgeklärt [90].[1]) Zunächst galt es die Frage zu entscheiden, ob Hans selbständig zu denken vermag. Zu diesem Zwecke mußten dem Pferde unwissentliche Aufgaben gestellt werden, d. h. der Fragesteller durfte im Augenblick des Versuches die Antwort selbst nicht wissen. Um aber dem Einwand zu begegnen, Hans sei gerade nicht disponiert oder auch ermüdet, mußten die Versuche umschichtig ausgeführt werden, d. h. wissentliche und unwissentliche Versuche wechselten miteinander ab. Pfungst suchte zunächst die Frage zu entscheiden, ob das Pferd Ziffern lesen könne. Es wurden ihm deshalb nacheinander verschiedene Kartons mit Ziffern vorgehalten, ohne daß aber der Fragesteller und die anderen anwesenden Personen diese Ziffern sehen konnten, und Hans mußte nun die betreffende Ziffer treten. In dieser Weise wurden 49 unwissentliche umschichtig mit 42 wissentlichen Versuchen ausgeführt. Auf die unwissentlichen Versuche fielen nur 8 % Treffer, auf die wissentlichen da-

1) Das Buch von Pfungst über den klugen Hans bezeichne ich im Gegensatz zu Ziegler [31] als eines der wichtigsten Werke der neueren Psychologie. Diese Ansicht wird von den Fachpsychologen wohl auch geteilt werden.

gegen 98. Ich gebe aus dem Werke von Pfungst als Probe den Anfang einer solchen Versuchsreihe wieder, bei der v. Osten selbst der Fragesteller war:

unwissentlich	vorgelegt:	Ziffer	8	getreten	14,
wissentlich	"	"	8	"	8,
unwissentlich	"	"	4	"	8,
wissentlich	"	"	4	"	4,
unwissentlich	"	"	7	"	9,
wissentlich	"	"	7	"	7,
unwissentlich	"	"	10	"	17,
wissentlich	"	"	10	"	10,
unwissentlich	"	"	3	"	9,
wissentlich	"	"	3	"	3 usw.

Aus derartig angestellten Versuchen ergab sich, daß das Pferd ohne Mitwirkung eines anderen keine Ziffern lesen konnte. Wenn der Fragesteller das Resultat nicht kannte, so mißlangen die Versuche bis auf einige Zufallstreffer. Auf ähnliche Weise wurde geprüft, ob das Pferd Wörter lesen könne. Wörter, wie „Stall", „Hans" und Farbennamen, die dem Pferd bekannt sein mußten. wurden auf schwarze Papptafeln geschrieben und vor dem Pferde so aufgehängt, daß der Fragesteller wohl die einzelnen Wörter kannte, aber nicht wußte, an welcher Stelle die betreffende Papptafel war. Darauf wurde an Hans die Frage gerichtet: „Auf der wievielten Tafel steht Hans? Auf der wievielten Tafel steht Stall?" usw. Nach der Antwort sah sich der Experimentator dann jedesmal die Tafel an und stellte nun die Aufgabe wissentlich nochmals. Auf diese Weise wurden 12 unwissentliche umschichtig mit 14 wissentlichen Versuchen ausgeführt. Dabei fielen auf die unwissentlichen 0 % und auf die wissentlichen 100 % Treffer. Die Rechenfähigkeit prüfte Pfungst in folgender Weise: v. Osten flüsterte dem Pferde eine Zahl zu, die niemand von den Anwesenden verstehen konnte; darauf flüsterte Pfungst eine andere Zahl in derselben Weise zu. Die Summe der beiden Zahlen konnte nun nur dem Pferde bekannt sein. Auch hierbei wurde jeder Versuch wissentlich wiederholt. Im ganzen wurden 62 solcher Versuche angestellt. Bei den 31 unwissentlichen Versuchen ergaben sich nur 3 richtige Antworten, die offenbar rein zufällig Treffer waren, wogegen von 31 wissentlichen Aufgaben 29 richtig gelöst wurden. Daraus ergab sich, daß Hans auch nicht rechnen konnte. Auf ähnliche Weise wurde das Gedächtnis und das musikalische Gehör des Pferdes geprüft, wobei sich immer das gleiche Resultat ergab: Die wissentlichen Versuche gelangen fast alle, während die unwissentlichen Versuche fast alle nicht gelangen. Hans mußte also von der Umgebung irgendwie beeinflußt worden sein. Um den Gesichtssinn des Pferdes auszuschalten, wurde es von dem Fragesteller (v. Osten) durch eine Zeltwand getrennt. Dabei versagte es. Die Versuche gelangen aber sofort wieder, wenn Hans den Fragesteller gerade noch sehen konnte. Zur genaueren Prüfung hat Pfungst folgende Versuche angestellt: „Dem Hengst wurden Scheuklappen angelegt, wobei er, wie ausdrücklich erwähnt zu werden verdient, nicht den geringsten Widerstand leistete. Der Fragesteller trat nun neben die rechte Flanke des Tieres, so daß dieses ihn anwesend wußte und hörte, aber nicht sehen konnte, und ließ das Pferd eine Zahl treten. Hierauf trat er etwas vor, so daß er nunmehr auch gesehen werden konnte und legte dieselbe Aufgabe noch einmal vor. Da Hans bei den Versuchen der ersten Art stets die lebhaftesten Anstrengungen machte, den Experimentator zu sehen und stets zurückzutreten suchte, sobald sich dieser in das von den Scheuklappen verdeckte Gebiet zurückzog, da ferner der Hengst bei dem Versuch, ihn anzubinden — was er sich sonst ohne weiteres gefallen ließ —, alsbald zu toben begann und das Seil zerriß, so war es in manchen Fällen unmöglich, mit Sicherheit zu bestimmen, ob er den Fragesteller während des Klopfens gesehen habe oder nicht. Pfungst unterscheidet deshalb im folgenden außer den beiden Rubriken „nicht gesehen" und „gesehen" noch eine dritte: „unentschieden". Von 102 mit großen Scheuklappen ausgeführten Versuchen hatte das Pferd den Experimentator sicher nicht gesehen in 35 Fällen, sicher gesehen in 56 Fällen, unentschieden bleiben 11 Fälle. An Treffern fielen auf die Fälle der ersten Art 6 % (also nur 2 richtige Antworten), auf diejenigen der zweiten Art 89 %, auf die der dritten Art 18 %. Mit anderen Worten: Das Pferd ist verloren, sobald es durch die Scheuklappen verhindert ist, den Fragesteller zu sehen. Es antwortet dagegen fast immer richtig, sobald es diesen sieht, zugleich ein unumstößlicher Beweis, daß für die Fehlresultate einzig und allein der Ausschluß des Gesichtssinnes verantwortlich war und nicht eine durch die Scheuklappen ausgeübte Belästigung allgemeiner Art. Aus den geschilderten Versuchen ergibt sich also der zwingende Schluß: „Der Hengst bedarf optischer Zeichen." Diese optischen Zeichen bestanden in minimalen Kopfbewegungen des Experimentators, die vollständig unabsichtlich erfolgten. Sobald der Experimentator dem Pferde eine Aufgabe stellte, so beugte er den Kopf und Oberkörper ein wenig nach vorn. Diese Bewegung erfolgte ganz unwillkürlich und war durch Spannungsgefühle veranlaßt. Auf diese Bewegung hin begann das Pferd zu klopfen, wobei der Fragesteller mitzählte. Je näher Hans dem Resultat kam, desto größer wurde in dem Fragesteller die Erwartungsspannung. Sobald die Endzahl aber erreicht war, ließ die Spannung plötzlich nach, was sich bei dem Fragesteller durch einen winzigen Ruck mit dem Kopfe nach aufwärts bemerkbar machte. Pfungst konnte damit die Leistungen des Pferdes als Reaktion auf sogenannte unbewußte Ausdrucksbewegungen[1]) zurückführen. Pfungst gelang es durch Unterdrückung dieser unabsichtlichen Bewegungen, das Pferd zum Versagen zu bringen; ebenso konnte man durch willkürliche Ausführung des Kopfrucks, durch Hebung der Arme oder des Ellenbogens das Pferd jederzeit zum Rücktritt veranlassen. Seine Versuchsergebnisse über den klugen Hans faßt Pfungst in folgenden Sätzen zusammen: „Die Leistungen des klugen Hans beruhen fast ausschließlich auf einer einseitig entwickelten Wahrnehmungsfähigkeit für kleinste Bewegungen des Fragestellers, auf anhaltender und starker, aber ebenso einseitig ausgebildeter sinnlicher Aufmerksamkeit, endlich auf einem keineswegs umfangreichen Gedächtnis, auf Grund dessen das Tier Bewegungswahrnehmungen mit einer kleinen Zahl ein für allemal

1) In diesem Zusammenhang sei auch die Bedeutung solcher unbewußter Ausdrucksbewegungen für das sogenannte Berührungsgedankenlesen, Tischrücken usw. erwähnt.

eingeübter eigener Bewegungen zu assoziieren vermag. Die Bewegungswahrnehmungen des Hengstes sind denen des Durchschnittsmenschen bedeutend überlegen. Diese Überlegenheit ist vermutlich in der Netzhaut, vielleicht auch zum Teil im Gehirn des Tieres begründet. . . . Die allmähliche Bildung der erwähnten Assoziationen zwischen den Bewegungswahrnehmungen und den eigenen Bewegungen des Tieres ist mit größter Wahrscheinlichkeit nicht als Folge einer Dressur anzusehen, sondern als unbeabsichtigter Nebeneffekt einer mißlungenen Erziehung, die, ohne selbst Dressur zu sein, doch auf ein ähnliches Ergebnis hinauslief. Alle höheren psychischen Leistungen, die in dem Verhalten des Pferdes zum Ausdruck kommen, sind solche des Fragestellers. Dessen Verbindung mit dem Tier erfolgt fast ausschließlich durch feinste unwillkürliche Bewegungen. Der dabei zutage tretende innige Zusammenhang zwischen affektbetonten Vorstellungen und der Körpermuskulatur ist zwar keineswegs neu. Doch dürfte angesichts der Schwierigkeiten, denen die experimentelle Feststellung feinerer Einzelheiten auf diesem Gebiete begegnet, der vorliegende Fall nicht ohne Wert sein. . . . Den von vielen erwarteten Beweis, daß auch Tieren Denkfähigkeit eigne, hat Hans nicht erbracht."

Die Elberfelder Pferde. Außer dem klugen Hans wurden seinerzeit die sogenannten Elberfelder Pferde durch ihre „Denkleistungen" bekannt. Ihr Besitzer, R. Krall in Elberfeld, hat ein besonderes Werk veröffentlicht [93], in dem er seine Unterrichtsmethoden auseinandersetzte. Auch mit diesen Pferden haben sich verschiedene Forscher befaßt. Aber eine exakte, psychologisch-methodische Prüfung wurde von Krall abgelehnt. Die Psychologen Pfungst, v. Maday und Marbe wollten zwar eine exakte Prüfung der Pferde vornehmen, infolge allerlei Schwierigkeiten und zuletzt noch infolge des Krieges wurde ihnen aber eine systematische Untersuchung unmöglich gemacht; heute scheinen nun die Elberfelder Pferde, die seinerzeit so viel Aufsehen erregten, völlig in Vergessenheit geraten zu sein, und es liegt wohl die Vermutung nahe, daß eine exakte Prüfung durch einen methodisch geschulten Psychologen wahrscheinlich zu demselben Resultat geführt hätte wie beim klugen Hans.

Die Schimpansin Basso. Einen anderen interessanten Fall eines „denkenden" Tieres hat Marbe [102] näher untersucht. Im Frankfurter Zoologischen Garten wurde seit dem Jahre 1911 eine Schimpansin gehalten, die den Namen Basso führte und durch ihre merkwürdigen Rechenleistungen und Kunststücke das Interesse des Publikums erregte. Während des Rechnens saß Basso neben dem Wärter an einem Tisch. Auf dem Tisch lagen 10 kleine schwarz lackierte Holztafeln, welche in weißer Schrift die Zahlen 1 bis 10 trugen und regellos nebeneinander lagen. Stellte der Wärter dem Affen z. B. die Aufgabe: Wieviel ist 5 + 4? so hob Basso die Tafel auf, welche die Ziffer 9 trug. Aber auch Aufgaben mit zweistelligen Zahlen wurden gelöst. Die Frage: Wieviel ist 7 + 4? wurde von ihr dadurch gelöst, daß sie zuerst die Tafel mit der Ziffer 10 und dann jene mit der Ziffer 1 aufhob. Marbe erkundigte sich zunächst bei dem Wärter über die Art und Weise des Rechenunterrichts. Der Wärter erklärte, daß außer ihm niemand Basso zum Rechnen und zum Aufheben bestimmter Tafeln veranlassen könnte. Außerdem versicherte er, dem Tiere keinerlei Zeichen oder sonstige Hilfen zu geben; und in der Tat konnte auch bei der aufmerksamsten Beobachtung nichts Derartiges beim Wärter beobachtet werden. Der Wärter erklärte sich die Rechenleistungen durch eine Art geistiger Verbindung zwischen ihm und Basso, er vertrat also die Theorie einer Gedankenübertragung. Marbe stellte nun zunächst folgende Versuche an, deren Beschreibung ich, um einen richtigen Einblick in die psychologische Untersuchungsmethodik zu ermöglichen, wörtlich wiedergeben will: „Der Wärter erklärte mir auf Befragen, daß er imstande sei, sich geschriebene Zahlen gedächtnismäßig sehr anschaulich und deutlich vorzustellen; er gehört also, wenn diese Aussage nicht auf Irrtum beruhen sollte, zum optischen Typus.[1]) Ich ließ nun den Wärter zwölf Aufgaben stellen, die ich ihm jeweils leise angab; beim Ausrufen der Aufgaben und während Basso dieselben zu lösen suchte, durfte

1) Näheres über die sogenannten Vorstellungstypen findet sich in: Braunshausen, Einführung i. d. experimentelle Psychologie. ANuG Bd. 484.

er aber meiner Instruktion zufolge nicht an das richtige Resultat der Aufgabe denken; er mußte sich vielmehr

bei	der	ersten	Aufgabe	die	Zahl	1	anschaulich vorstellen
„	„	zweiten	„	„	„	2	„ „
„	„	dritten	„	„	„	3	„ „
. . .	. . .	. . .	. . .	. . .	. . .	. . .	. . .
„	„	zehnten	„	„	„	10	„ „
„	„	elften	„	„	„	20	„ „
„	„	zwölften	„	„	„	30	„ „

Hatte Basso eine Antwort gegeben, die weder der richtigen Lösung der Aufgabe entsprach noch auch der vom Wärter vorgestellten Zahl, so rief der Wärter „falsch", wobei er, wie überhaupt immer, wenn Basso eine Tafel aufgehoben hatte, die zuletzt aufgehobene Zahl auf den Tisch zurücklegte. Das Ergebnis dieser Versuche teile ich in der folgenden Tabelle mit; die als falsch bezeichneten Antworten sind in Klammern wiedergegeben.

Nr.	Aufgabe	Richtige Lösung	Der Wärter stellt sich vor die Zahl	Basso zeigt
1	2 + 4	6	1	(4) (2) 1
2	10 − 2	8	2	(3) 2
3	2 · 3	6	3	(2) 3
4	12 : 4	3	4	4
5	3 · 3	9	5	5
6	7 · 7	49	6	6
7	(30−3) : 9	3	7	7
8	12 : 2	6	8	8
9	1 + 1	2	9	9
10	17 − 9	8	10	10
11	3 + 4	7	20	10 + 10
12	7 8	56	30	10 + 10 + (6) + 10

Man sieht, daß von zwölf Aufgaben acht sofort im Sinne der telepathischen Übertragung richtig beantwortet wurden, daß aber auch die vier übrigen Aufgaben (1, 2, 3, 12) nach einem oder zwei Fehlern sofort richtig im Sinne der Gedankenübertragungstheorie gelöst wurden.... Dieses Resultat war zunächst verblüffend. Ich wiederholte nun zunächst die Versuche mit einigen Modifikationen. Der Erfolg war aber immer derselbe. Hiernach konnte man die

Möglichkeit erwägen, daß trotz des systematischen Rechenunterunterrichts Basso nicht eigentlich rechnen könne, sondern daß sie nur mehr und mehr gelernt habe, die Gedanken des Wärters zu lesen." Wären die Versuche jetzt abgebrochen worden, so hätte leicht der Gedanke aufkommen können, daß die Leistungen nun tatsächlich auf eine Art von Gedankenübertragung zurückzuführen sind. Der Psychologe muß aber, wie wir schon in Abschnitt II eingehend dargelegt haben, sein Problem von den allerverschiedensten Seiten anfassen und sich vor übereilten Deutungen hüten. Marbe konnte sich deshalb mit den angestellten Versuchen und mit der „Gedankenübertragungstheorie" nicht zufrieden geben. Durch verschiedene Beobachtungen kam Marbe zunächst zu der rein hypothetischen Ansicht, daß der Wärter bei jeder Fragestellung seinen Körper unwillkürlich in einer ganz bestimmten Weise zu der entsprechenden Tafel einstellte. Er vermutete, daß Basso immer die Tafel aufhob, welche von der Medianebene des Kopfes geschnitten wurde. Über die Versuche, welche Marbe im Anschluß an diese Hypothese anstellte, berichtet er folgendermaßen: „Zur Prüfung meiner Hypothese führte ich zunächst folgende Versuche aus. Ich ließ den Wärter zehn Rechenaufgaben stellen. Vor jeder Aufgabe legte ich jedoch selbst die zehn Tafeln auf den Tisch. Nachdem Basso reagiert hatte, packte ich die Tafeln wieder zusammen und mischte sie ähnlich wie Spielkarten durcheinander, um sie dann von neuem aufzulegen. Vor jeder Frage des Wärters stellte ich dann diesen so ein, daß die Medianebene seines Kopfes, welcher der ganze Körper unwillkürlich bis zu einem gewissen Grade folgte, eine ganz bestimmte, von mir in Aussicht genommene Tafel, und nur diese kreuzte. Natürlich mußte ich schon beim Auflegen der Tafeln auf die Möglichkeit, diese Einstellung zu bewerkstelligen, Rücksicht nehmen, d. h. ich mußte die Tafeln jeweils so legen, daß es mir möglich war, nur eine durch die Medianebene des Kopfes des Wärters kreuzen zu lassen. Im übrigen legte ich die fragliche Tafel regellos bald mehr nach links, bald mehr nach rechts, bald ungefähr in die Mitte des Tisches. Der Wärter durfte natürlich keine Tafel ansehen, sondern er mußte, wie bei den üblichen Vorführungen Bassos, über den Tisch hinweg nach dem Publikum starren. Die Versuche führten zu folgenden Resultaten:

Aufgabe	Richtige Lösung	Der Wärter wird eingestellt auf	Basso hebt auf
2 · 4	8	10	10
10 : 2	5	9	9
1 + 3	4	8	8
10 − 6	4	7	7
100 : 10	10	6	6
6 · 6	36	5	5
1 + 1	2	4	4
10 − 9	1	3	3
17 − 8	9	2	2
3 + 4	7	1	1

Nicht ein einziges Mal war also die von Basso angegebene Zahl richtig, jedesmal aber hob Basso diejenige Tafel auf, die von der Medianebene des Kopfes des Wärters geschnitten wurde.... Durch diese Versuche, die ich mit einigen Modifikationen und gleichem Erfolg wiederholt habe und meine oben erwähnten Beobachtungen, die mich zu diesem Versuch führten, ist zweifellos bewiesen, daß Basso bei der Auswahl der von ihr aufgehobenen Tafeln wesentlich durch die Lage dieser Tafeln zur Medianebene des Kopfes des Wärters bestimmt wird. Da diese Tatsache dem Wärter nicht bekannt war, ist hiermit bewiesen, daß Basso beim sogenannten Rechnen auf unwillkürliche Zeichen reagiert. . . . Natürlich erklären unsere Versuchsergebnisse nun auch die oben mitgeteilten Experimente über telepathische Übertragung. Der Wärter stellte sich, als er an eine bestimmte Zahl dachte, offenbar unwillkürlich so ein, als wäre diese Zahl das Resultat der von ihm gestellten Aufgabe. So konnte Basso zwar nicht seine Gedanken, aber doch die von ihm unwillkürlich gegebenen Zeichen lesen und Resultate zutage fördern, die bei oberflächlicher Betrachtung die telepathische Hypothese zu stützen schienen." Also auch in diesem Falle hat die wissenschaftlich-psychologische Untersuchung nichts von einer selbständigen Denk- und Rechenarbeit nachweisen können, sondern als positives Resultat ergab sich —

ähnlich wie beim klugen Hans — die interessante Tatsache, daß die Schimpansen über eine sehr feine Beobachtungsgabe verfügen.

Der Mannheimer Hund Rolf. Kurz vor dem Kriege glaubte Frau Dr. Möckel in Mannheim in ihrem Hund Rolf einen guten Rechner entdeckt zu haben, ohne daß der Hund einen systematischen Rechenunterricht erhielt. Man sollte es kaum für möglich halten, wie ernst zu nehmende Forscher der offenbar in gutem Glauben handelnden Frau Möckel gegenüber jegliche wissenschaftliche psychologische Kritik vermissen ließen. Mit Recht betont Doflein, daß das Zustandekommen der ganzen kritiklosen Beobachtungen und Schilderungen mehr in das Gebiet der menschlichen Psychologie gehört als in jenes der Tierpsychologie, woran er dann den Wunsch anschließt, daß die „denkenden" Tiere möglichst bald aus der wissenschaftlichen Literatur verschwinden möchten, was leider immer noch nicht der Fall zu sein scheint [vgl. 31]. Auch bei dem Hunde Rolf handelte es sich nicht um selbständige Denkleistungen, wie Neumann [100, 101] nachgewiesen hat, sondern offenbar ebenfalls um Reaktionen auf unbewußte Ausdrucksbewegungen.

Wundts, Morgans, Thorndikes und Frankens Anschauungen über die „Intelligenz" der Tiere. So neigt denn die neuere Psychologie zu der Ansicht, daß zu der Erklärung des tierischen Verhaltens Reizreaktionen, Reflexe, Instinkte und Assoziationen vollständig ausreichen. In diesem Sinne sagt Wundt [5]: „Die sogenannten Intelligenzäußerungen der Tiere lassen sich demnach vollständig aus verhältnismäßig einfachen Assoziationen erklären. Nirgends finden sich, wo wir irgend in der Lage sind, dem Zusammenhang der Vorgänge näherzutreten, Merkmale logischer Reflexion oder eigentlicher Phantasietätigkeit." In ähnlicher Weise äußert sich der englische Psychologe Lloyd Morgan [81]. Thorndike [92] faßt das Ergebnis seiner großen tierpsychologischen Experimentaluntersuchung dahin zusammen, daß seine Versuche mit Hunden, Katzen, Küchlein usw. keinen einzigen Fall ergaben, der einer Denktätigkeit auch nur ähnlich sah. Die Versuche Frankens [91] ergaben ebenfalls, daß beim Hunde höchstens von einem „spurenhaften" oder „sinnlichen Denken", nicht aber von einem abstrakten oder begrifflichen Denken die Rede sein kann, „weil sein blasses und wahrscheinlich auch eingeengtes Bewußtsein ihn nicht zu höheren Leistungen befähigt." Franken hat aber, wenn er von „spurenhaftem" oder „sinnlichem" Denken spricht, damit nur das Bedürfnis ausgesprochen, auch beim Denken verschiedene Stufen zu unterscheiden. Diese Fragen sind aber heute noch gar nicht geklärt, und man kann Köhler [113] vollständig zustimmen, wenn er in ähnlichem Zusammenhang sagt: „Klare Definitionen gehören nicht an den Beginn von Erfahrungswissenschaften; erst in deren Fortschreiten kann der Erfolg durch Aufstellung von Definitionen gekennzeichnet werden." Es wird deshalb nach dem Vorschlag Köhlers sehr zweckmäßig sein, wenn wir zunächst einmal von einer Definition des Denkens absehen und uns lediglich auf die Beantwortung der Frage beschränken, ob das Verhalten des Tieres die Bezeichnung „einsichtig" verdient oder nicht, wobei wir von einsichtigem Verhalten überall dort sprechen können, wo das Tier ein Ziel auf direktem Wege nicht erreichen kann, sondern auf einem für es überschaubaren indirekten Weg. Näheres über das einsichtige Verhalten der Tiere und die Köhlerschen Intelligenzprüfungen von Menschenaffen folgt in Abschnitt VIII.

Der Mangel der Sprache. Das Fehlen abstrakter Gedanken würde jedenfalls auch eine zwanglose Erklärung für den Mangel der Sprache bei den Tieren abgeben. Es ist kaum einzusehen, daß das Fehlen der Sprache bei den Tieren lediglich etwa durch physiologische oder anatomische Merkmale bedingt sein soll. Denn mit Hilfe der Laute, die z. B. beim Hunde als Ausdrucksbewegungen [1]) bestimmten Gefühlen parallel gehen, wäre es ihm doch sicherlich möglich, nicht nur Gefühle, sondern auch Gedanken auszudrücken. Die Sprache scheint vielmehr erst dort aufzutreten, wo ein Bedürfnis für sie vorliegt, also dort, wo Gedanken ausgetauscht werden sollen. Andererseits ist die Sprache, wenn sie einmal da ist, von großem Einfluß auf die Entwicklung der

---

1) Über Ausdrucksbewegungen der Tiere liegt von Bastian Schmid [29] eine sehr brauchbare und lehrreiche Schrift vor; ebenso vgl. Darwin, Der Ausdruck der Gemütsbewegungen bei den Menschen und den Tieren.

Denkprozesse. Ein Vergleich mag diese Beziehung zwischen Denken und Sprechen veranschaulichen. Wie bei einer Dynamomaschine der zunächst nur schwache Magnetismus des Feldmagneten einen nur schwachen Ankerstrom erzeugt, dieser Ankerstrom aber bei seinem Weg um den Elektromagneten dessen Magnetismus wieder verstärkt, der verstärkte Magnetismus aber wiederum einen stärkeren Ankerstrom hervorruft, so kann man sich vorstellen, daß zunächst ein schwaches und primitives Denken die Sprache geschaffen hat, daß umgekehrt aber die Sprache dann wieder die Entwicklung des Denkens mächtig fördern mußte.

VII. Die Abrichtung der Tiere.

Begriff der Dressur. Da die Dressur in der heutigen Tierpsychologie nicht nur eine große theoretische Bedeutung (z. B. Dressur der Bienen auf Farben, Assoziationsreflexe bei Hunden usw.) erlangt, sondern auch auf dem Gebiete des Diensthundewesens (Polizei-, Melde-, Sanitäts-, Jagdhund usw.), der Reitkunst usw. eine praktische Anwendung gefunden hat, stellt die Abrichtungslehre einen wichtigen Zweig der Tierpsychologie dar. Die älteren Lehrbücher und Anweisungen über Abrichtung entwickeln ihre Regeln ohne tiefere psychologische Begründung, und stehen ganz auf dem Standpunkte der populären Tierpsychologie. Es ist das große Verdienst von Most [103], unter Mitwirkung von Pfungst, die Abrichtungslehre auf eine wissenschaftlich-psychologische Grundlage gestellt zu haben. Nach Most bedeutet Abrichtung: „Gewöhnung des Tieres an bestimmte Handlungen durch absichtlich gestellte Sinnesreize, wobei Aneignung und Ausführung dieser Handlungen lediglich auf Leistungen des Gedächtnisses, nicht auf Denkleistungen beruhen." Da man aber auch dort von Dressur oder Abrichtung sprechen kann, wo es sich nicht um absichtlich gestellte Sinnesreize handelt, wie z. B. bei den sogenannten „denkenden Tieren", so könnte man die Abrichtung auch kurz definieren als die Stiftung künstlicher Assoziationen in den Tieren durch den Menschen.

Abrichtung im engeren und weiteren Sinne. Dieser Abrichtung oder Dressur im weitesten Sinne ließe sich dann noch eine Abrichtung in engerem Sinne gegenüberstellen, bei der es nur auf absichtliche Stiftung von solchen Assoziationen ankommt, die für menschliche Zwecke ausgenützt werden können. Künstlich nenne ich alle jene Assoziationen, an deren Zustandekommen der Mensch bewußt oder unbewußt beteiligt ist. Das ganze Problem der Abrichtung können wir mit Marbe [102] in die Frage formulieren: Mit welchen Mitteln und in welchem Umfang ist es bei den Tieren möglich, auf künstlichem Wege Assoziationen zu stiften?

Ursprüngliche und stellvertretende Einwirkungen. Wenn in dem Tiere eine Assoziation gestiftet werden soll, so müssen auf das Tier mehrere Einwirkungen ausgeübt werden. Der Hund soll z. B. lernen, auf den Lautreiz „Setz dich" sich hinzusetzen. Dies geschieht dadurch, daß man gleichzeitig einen Reiz auf seinen Gehörsinn, der in dem Aussprechen der Worte „Setz dich" besteht, und eine Einwirkung auf seinen Körper, die in dem Herunterdrücken des Hundes mit der Hand besteht, ausübt. Sobald nach einer genügenden Anzahl von Wiederholungen eine Assoziation zustande gekommen ist, genügt der Reiz auf den Gehörsinn allein, um den Hund zu der gewünschten Reaktion, zum Sitzen zu veranlassen. Die Assoziation kommt also auf ähnliche Weise zustande wie beim sogenannten Assoziationsreflex. Die Einwirkung, durch die der Hund ursprünglich zu der gewünschten Handlung veranlaßt wurde, in unserem Beispiele das Herunterdrücken, wird von Most ursprünglicher Reiz genannt, während er das Aussprechen der Worte „Setz dich", stellvertretenden Reiz nennt, weil dieser Reiz nach zustandegekommener Assoziation an Stelle der ursprünglichen Einwirkung die gewünschte Handlung auszulösen vermag. Die Einführung dieser Unterscheidung ursprünglicher und stellvertretender Einwirkungen hat sich in der Abrichtung sehr gut bewährt. Hat man sich doch, wenn man ein Tier zu irgendeiner Handlung abrichten will, einfach zunächst die Frage vorzulegen: Gibt es irgendeine Einwirkung oder irgendeinen Reiz, auf den das Tier mit der gewünschten Handlung reagiert? wenn ja, dann hat man mit dieser ursprünglichen Einwirkung eine zweite so lange gleichzeitig darzubieten, bis eine Assoziation eingetreten ist und dann das Tier schon auf die stellvertretende Einwirkung allein reagiert. Als stellvertretende Einwirkung kommen bei der Abrichtung nur akustische und optische Zeichen in Betracht. Die akustischen Reize, die in der Aussprache eines oder mehrerer Worte bestehen (z. B. „Setz dich“, „Hier“ usw.), bezeichne ich entsprechend dem Begriff „Reizwort“ in der menschlichen Psychologie — als Reizlaute. Dagegen nenne ich Reizwink jeden optischen Reiz (z. B. Senken der Hand für das Ablegen).

Assoziationen können jedoch nur in dem Umfange gestiftet werden, als das Tier an ihnen ein natürliches Interesse hat, d. h. nur solche Assoziationen kommen in Betracht, die an die Instinkte des Tieres (Nahrungstrieb, Herdentrieb, Fluchtinstinkt, Spürinstinkt, Furcht usw.) anknüpfen. Will man von dem Tiere eine Handlung verlangen, bei der ein natürlicher Instinkt verleugnet werden soll (z. B. Futter verweigern beim Hunde), so kann dies nur dadurch geschehen, daß man diesen Instinkt, z. B. den Freßinstinkt, durch einen anderen stärker wirkenden Instinkt, z. B. Furcht, aufhebt.

Bedeutung der Lust- und Unlustgefühle. Das Interesse an einer Handlung ist aber in erster Linie durch den Grad der Lustbetonung der einwirkenden Reize bedingt. Versteht man unter dem positiven Lustertrag die Summe der Lustgefühle, die eine Handlung begleiten, und unter dem negativen Lustertrag die Summe der Unlustgefühle, so kann man als Grundregeln der Dressur die Sätze aufstellen: Von mehreren Handlungen wird von dem Tiere jene bevorzugt, bei welcher erfahrungsgemäß der positive Lustertrag am größten oder der negative Lustertrag am kleinsten ist. Oder: Von mehreren Handlungen wird jene gemieden, bei welcher der negative Lustertrag (positive Unlustertrag) am größten ist. Diese Regel macht es uns verständlich, weshalb die Lust- und Unlustbetonung bei der Abrichtung eine so große Rolle spielen. Wenn das Tier auf einen Reiz hin mehrere Handlungen ausführen kann, von denen aber nur eine von mir gewünscht wird, so muß ich dafür sorgen, daß bei dieser der positive Lustertrag am größten ist, indem ich diese Handlung mit möglichst viel Annehmlichkeit verknüpfe. Will ich dagegen das Tier an der Ausführung einer Handlung verhindern, so muß ich dafür sorgen, daß der negative Lustertrag (positive Unlustertrag) bei ihrer Ausführung für den Hund möglichst groß wird. Verlange ich von dem Tiere eine ihm unangenehme Handlung, z. B. vom Hunde, allein liegen zu bleiben, so erreiche ich dies dadurch, daß jede andere Handlung, z. B. das Aufstehen, mit einem noch größeren Unlustertrag verknüpft ist, das Tier wählt also von mehreren unlustbetonten Handlungen jene, bei welcher der Unlustertrag am geringsten ist. So sucht der Jäger bisweilen beim Ablegen des Hundes den Unlustertrag dadurch herabzumindern, daß er seine Jagdtasche bei dem Hunde zurückläßt. Wenn wir eine Einwirkung anwenden, die im Tiere Unlustgefühle hervorruft, so reden wir von Zwang. Erst dort, wo lustbetonte Einwirkungen, die man in der modernen Abrichtersprache unter dem Begriffe „Ermunterung" zusammenfaßt, nicht mehr ausreichen, wendet man unlustbetonte Einwirkungen an, die man unter dem Begriff „Einschüchterung" zusammenfaßt.

Die Mittel, mit denen wir im Tiere Assoziationen stiften, sind demnach:

1. Einwirkungen mit nachfolgendem Lustgefühl (Ermunterung).
2. Einwirkungen mit nachfolgendem Unlustgefühl (Einschüchterung, Zwang).
3. Indifferente Reize (Reizlaute und Reizwinke).

Die unter 1 genannten Einwirkungen kommen dann in Frage, wenn das Tier zur Ausführung einer Handlung veranlaßt werden soll, die unter 2 genannten, wenn das Tier eine Handlung unterlassen, oder von mehreren Handlungen eine unangenehme Handlung ausführen soll, wobei dann die für das Tier neben der gewünschten Handlung noch in Frage kommenden Handlungen eben noch unangenehmer gemacht werden als die Handlung, welche das Tier ausführen soll. Die unter 3 genannten Reize kommen nur als stellvertretende Einwirkungen in Betracht und erhalten erst dann für das Tier eine Bedeutung, nachdem sie infolge einer Assoziation eine Gefühlsbetonung erhalten haben.

Unabsichtliche und unbewußte Einwirkungen. Man würde sich aber einem sehr verhängnisvollen Irrtum hingeben, wenn man glaubte, daß bei der Abrichtung immer nur die Reize allein wirksam sind, die vom Abrichter bewußt und absichtlich ausgehen. Wir haben beim klugen Hans und bei dem Schimpansen Basso gesehen, daß die Tiere auch auf Reize reagieren können, die wir gar nicht beachten. Ein Beispiel mag dies erläutern. Zu Beginn des Krieges waren die Sanitätshunde in folgender Weise abgerichtet worden: Der Hund mußte das Gelände durchstöbern; sobald er einen Verwundeten gefunden hatte, kehrte er zu dem Führer zurück. Damit dieser aber wußte, ob der Hund einen Verwundeten auch gefunden hat, mußte er dann an dem Führer hochspringen. Als ich bei einer Übung ohne Kenntnis der Führer einmal gar keine Scheinverwundete auslegte, verwiesen trotzdem bei der Rückkehr zum Führer sämtliche fünf Hunde, die an der Übung teilnahmen, durch Hochspringen am Führer. Das Verhalten der Tiere in diesem Falle erklärt sich dadurch, daß zwischen dem Finden des Verwundeten und dem Hochspringen an den Führern infolge der langen dazwischenliegenden Zeit gar keine Assoziation zustande kam; vielmehr wurde das Hochspringen beim Zurückkommen durch eine bestimmte Erwartungshaltung des Körpers (Herunterbeugen) oder auch durch die Worte: „Hast du gefunden?" usw. ausgelöst. Diese Erwartungsausdrucksbewegung, auf die der Hund reagierte, war aber bei den Führern auch vorhanden, wenn ohne deren Wissen gar keine Verwundeten im Gelände lagen. Dieser Fall ist besonders lehrreich, denn er zeigt uns, wie eine unpsychologische und vermenschlichende Abrichtungsweise zu ganz groben Fehlerquellen führt, die allerdings bei kritiklos ausgeführten Übungen und Vorführungen zunächst vollständig verborgen bleiben, und erst dann in die Erscheinung treten, wenn man die Bedingungen variiert.

Störende Reize. Außer den Reizen, die vom Abrichter ausgehen, können aber auf das Tier auch noch Reize einwirken aus seiner sonstigen Umgebung. Vor allem handelt es sich hierbei vielfach um störende Reize (z. B. beim Kriegshund Knallgeräusche, beim Pferd Gegenstände, vor denen es scheut usw.). Es wäre nun ganz falsch, wenn der Abrichter bei der Dressur diese störenden Reize immer ängstlich vermeiden wollte. Im Gegenteil: Soll das Tier bei der ernstlichen Arbeit unter dem Einfluß von allerlei ungewohnten Reizen nicht plötzlich versagen, so muß der Abrichter grundsätzlich schon während der Dressur dieselben Bedingungen wie im Ernstfalle herstellen, d. h. er darf Störungen nicht nur nicht vermeiden, sondern er muß sie sogar unter Umständen absichtlich einschalten, um das Tier an diese zu gewöhnen. Unter diesem Gesichtspunkte erscheint auch die Dressur von Hunden im Freien zweckmäßiger als die Stubendressur, wie sie z. B. Oberländer und andere vertreten.

Nachahmung bei Tieren. Es frägt sich nun, ob die unmittelbare Einwirkung des Abrichters die einzige Möglichkeit, Tiere abzurichten, darstellt. Vielfach wird auch noch bei den Tieren ein Lernen durch Nachahmung angenommen. Claparède sagt darüber: „Man hat auch versucht, die Tiere durch die Methode der Nachahmung zu dressieren, z. B. dadurch, daß man sie mit bereits abgerichteten Tieren zusammentut. Es ist dies ein noch wenig angewandtes Verfahren, doch wird die Pädagogik noch von diesen Versuchen wichtige Aufschlüsse zu erwarten haben.“ Ob und wie weit man von Nachahmung sprechen darf, hängt davon ab, was man unter Nachahmung versteht. Von Nachahmung kann man doch wohl nur dort sprechen, wo ein Tier eine Handlung begeht, die lediglich und ausschließlich eine Reaktion darstellt auf dieselbe Handlung des nachgeahmten Tieres. Vielfach wird aber auch von Nachahmung gesprochen, wo gar keine Reaktion auf eine nachgeahmte Handlung vorliegt, sondern wo gleiche Handlungen der Tiere durch gleiche Reize bedingt sind, die ganz außerhalb der Tiere liegen. Ein solcher Fall scheint mir z. B. vorzuliegen, wenn zwei Hunde (ein alter und junger) gleichzeitig miteinander vorstehen, was vielfach als Nachahmung des älteren Hundes durch den jüngeren gedeutet wird, während in Wirklichkeit wohl lediglich der Wildgeruch bei beiden Tieren dieselbe Reaktion verursacht. Unter gleichen äußeren und inneren Bedingungen müssen die Tiere sich gleich verhalten, ohne daß man von einer Nachahmung sprechen kann. Die Fälle, wo man mit vollem Recht von Nachahmung sprechen kann, dürften überhaupt sehr selten sein. Selbst bei Affen muß man in der Deutung einer Handlung als Nachahmungshandlung vorsichtig sein. Wenn ein Affe z. B. einen Korb trägt, so darf man daraus noch nicht ohne weiteres schließen, daß er damit den Menschen nachahmt. Denn unter ähnlichen Bedingungen findet ähnliches statt. Beim Vorhandensein von Extremitäten, die zum Greifen eingerichtet sind, bei Gegenwart eines Korbes, der sehr leicht greifbar ist, sind auch für den Affen günstige Bedingungen für das Ergreifen des Korbes vorhanden, zumal wenn ihm vielleicht das Ergreifen und Tragen von Gegenständen andressiert wurde. Bevor also von einer Nachahmung gesprochen werden darf, muß erst der Nachweis erbracht sein, daß die Gleichförmigkeit oder Ähnlichkeit der Bedingungen zur Erklärung nicht ausreicht. Als Mittel zur Stiftung künstlicher Assoziationen im Tiere dürfte die Nachahmung wohl kaum in Frage kommen.

Lockerung der durch den Abrichter gestifteten Assoziationen. Sobald sich der Abrichter darüber Rechenschaft gegeben hat, daß die Abrichtung in nichts anderem besteht als in der Stiftung von Assoziationen, wird er bei der Dressur das Tier auch richtig behandeln und sich von allen ungerechten Vermenschlichungen dem Tiere gegenüber freimachen. Wenn z. B. der Hund allmählich auf das Lautzeichen „Setz dich" sich nur langsam und schließlich sogar überhaupt nicht mehr setzt, so ist daraus dem Tiere nicht der allergeringste Vorwurf zu machen, und es wäre geradezu unvernünftig, das Tier etwa durch Prügel für seinen „Ungehorsam" zu „strafen". Denn nicht aus irgendeiner bösen Absicht versagt das Tier, sondern lediglich deshalb, weil die gestiftete Assoziation zwischen ursprünglicher und stellvertretender Einwirkung gelockert oder geschwunden ist, und daher auch eine Reproduktion der Handlung auf die stellvertretende Einwirkung allein hin gar nicht mehr stattfinden kann. Für den verständigen Abrichter kann sich deshalb hier nur eine Folgerung ergeben; die geschwundene Assoziation muß wieder von neuem gestiftet, d. h. mit anderen Worten, mit dem Tiere muß wieder geübt werden. So erklärt sich auch, weshalb der Diensthund nur dann auf der Höhe seiner Leistungsfähigkeit bleibt, wenn man dauernd mit ihm übt.

VIII. Die entwicklungsgeschichtliche Auffassung des tierischen Verhaltens.

Die Psychologie als Zellularpsychologie. Der berühmte Pathologe Rudolf Virchow stellte im Jahre 1858 das Programm einer sogenannten Zellularpathologie auf, d. h. er versuchte alle Krankheitserscheinungen auf Vorgänge und Veränderungen in den Zellen zurückzuführen. Dieses „zellulare Prinzip" hat sich seitdem in jeder Hinsicht bewährt und ist daher auch in andere Gebiete der Naturforschung übernommen worden. Verworn [107] weist nachdrücklich darauf hin, daß die Physiologie nur dann die allgemeinen Lebenserscheinungen zu erklären vermag, wenn sie die Lebenserscheinungen dort sucht, wo das Leben seinen Sitz hat, nämlich in der Zelle, sie erreicht ihr Ziel also nur als Zellularphysiologie. Eine ähnliche Entwicklung beobachten wir nun auch in der Psychologie. Wollen wir das komplizierte Verhalten, all die Bewegungen und Handlungen, wie sie von den höheren Tieren und den Menschen ausgeführt werden, verstehen, so müssen wir zunächst das Verhalten der Zelle, wie es durch äußere und innere Bedingungen beeinflußt wird, studieren. Da wir aber in den einzelligen Tieren freilebende Zellen vor uns haben, die wir den verschiedensten Versuchsbedingungen unterwerfen können, so ist damit dem Forscher der Weg für zellularpsychologische Forschungen angewiesen. Wir haben oben gesehen, daß Jennings mit großem Erfolg diesen Weg der Zellularpsychologie — wie wir die Psychologie der Urtiere auch nennen können — betreten hat.

Die funktionelle Psychologie. Wenn die Zellularpsychologie das Verhalten der Einzelligen zu erforschen sucht, so betrachtet die sogenannte funktionelle Psychologie die Entwicklung des tierischen Verhaltens, wie es durch die allmähliche Umwandlung der Tierarten im Sinne der Abstammungslehre bedingt wird, von biologischen Gesichtspunkten aus. Die funktionelle Psychologie untersucht die Bedeutung der psychischen Vorgänge für das Leben des betreffenden Tieres. Wie wir bei körperlichen Erscheinungen, z. B. bei der sogenannten Schutzfarbe, die Bedeutung solcher Einrichtungen als funktionelle Anpassung an die jeweiligen Lebensbedingungen zu verstehen suchen, so erscheinen uns auch die verschiedenen Arten des tierischen Verhaltens (z. B. Probierbewegungen, Reflexe, Instinkte, Gedächtnisleistungen usw.) verständlich, wenn wir sie als Anpassungserscheinungen auffassen, d. h. als solche Erscheinungen, die für die Erhaltung der betreffenden Art eine notwendige Voraussetzung darstellen.

Die Spiele der Tiere. Groos [108] hat in einem der bedeutendsten und interessantesten Werke der neueren Tierpsychologie (Die Spiele der Tiere), diesen funktionell-psychologischen Standpunkt mit großem Erfolg eingenommen, und damit der Tierpsychologie wie auch der menschlichen Psychologie ganz neue Bahnen gewiesen. Die ältere Tierpsychologie hat über das Spiel verschiedene Theorien aufgestellt, unter denen die sogenannte Kraftüberschußtheorie Herbert Spencers, die seinerzeit schon von Schiller[1]) vertreten wurde, den größten Anklang gefunden hat. Spencer sagt über das Spiel [74]: „Die Tätigkeiten, die wir als Spiel bezeichnen, kommen mit den ästhetischen Tätigkeiten darin überein, daß weder die einen noch die anderen irgendwie unmittelbar zu den dem Leben förderlichen Prozessen beitragen. Die Körperkräfte, die Geistesfähigkeiten, die Instinkte, Begehrungen und Leidenschaften, und selbst jene höchsten Gefühle, die wir kürzlich besprachen, haben alle den unmittelbaren oder entfernten Endzweck, das organische Gleichgewicht des Individuums oder dann den Fortbestand der Spezies aufrechtzuerhalten. ... Während nun also die primären oder wesentlichen Wirkungen der kör-

1) „Über die ästhetische Erziehung des Menschen". 27. Brief.

perlichen und geistigen Kräfte dergestalt unverkennbar auf nächstliegende Zwecke Bezug haben, die zukünftige Vorteile mitbedingen, kommen bei jenen Wirkungen derselben, welche beim Spiel tätig sind, sowie bei jenen, welche uns ästhetische Freuden gewähren, keinerlei zukünftige Vorteile in Betracht — die unmittelbaren, nächstliegenden Zwecke sind überhaupt die einzigen Zwecke.... Die niederen Tiere haben sämtlich das miteinander gemein, daß alle ihre Kräfte zur Ausübung solcher Funktionen aufgewendet werden, die für die Erhaltung des Lebens unumgänglich nötig sind.... Steigen wir aber zu Tieren von höherem Typus empor, welche mit zahlreicheren und weiter entwickelten Fähigkeiten begabt sind, so zeigt sich immer mehr, daß Zeit und Kraft nicht mehr ausschließlich von der Sorge für die unmittelbarsten Bedürfnisse in Anspruch genommen werden. Indem sie vermöge ihrer Überlegenheit sich bessere Nahrung verschaffen, gewinnen sie dadurch einen Überschuß an Lebenskraft. Sind ihre Begierden gestillt, so empfinden sie kein Verlangen mehr, das ihre überschäumenden Kräfte auf die Verfolgung neuer Beute oder auf die Befriedigung irgendeines dringenden Bedürfnisses hinlenken könnte. Und da sich mit dieser größeren Leistungsfähigkeit ihrer Vermögen gewöhnlich auch eine größere Mannigfaltigkeit derselben verbindet, so führt letztere gleichfalls zu einem ähnlichen Ergebnis. Wo sich zahlreiche, den verschiedensten Erfordernissen angepaßte Kräfte entwickelt haben, da können unmöglich alle auf einmal tätig sein: je nach den Umständen werden bald diese, bald jene in Übung versetzt, während einige derselben gelegentlich längere Zeit ganz unbeschäftigt bleiben. So kommt es, daß uns bei höher entwickelten Geschöpfen häufig eine Lebenskraft entgegentritt, die bedeutend über die unmittelbaren Bedürfnisse hinausreicht, und daß ebenso bald diese, bald jene Fähigkeit einer längeren Ruhe genießt, welche es möglich macht, sie vermöge des auf jeden Verbrauch folgenden Wiederersatzes in einen Zustand hoher Leistungsfähigkeit zu versetzen.... Da nun eben jede der geistigen Fähigkeiten diesem Gesetz unterworfen ist, daß ihr Organ, wenn es länger als gewöhnlich geruht hat, dadurch außerordentlich bereitwillig wird, wieder in Tätigkeit zu treten, d. h. außerordentlich bereit, die korrelativen Gefühle auftreten zu lassen, wodurch abermals eine außergewöhnliche Bereitwilligkeit bedingt ist, alle korrelativen Tätigkeiten zu beginnen, so begreifen wir, daß es leicht zu einer Nachahmung jener Tätigkeiten kommt, wenn die Umstände nur diese anstatt wirklicher Tätigkeiten möglich erscheinen lassen. Daraus entspringt dann das Spiel in jeder Form — daraus jene Neigung zu überflüssiger und unnützer Übung der Kräfte, die zur Ruhe verurteilt waren; daraus erklärt sich auch die Tatsache, daß diese gleichsam grundlosen Anstrengungen am meisten von jenen Kräften ausgehen, welche die wichtigste Rolle im Leben des einzelnen Geschöpfes spielen."

Groos hat nun gezeigt, daß diese „Kraftüberschußtheorie" des Spieles keine befriedigende Erklärung für die Spiele der Tiere und des Menschen liefert. Die Spiele sind weder als Nachahmungen noch als Nachübungen zu deuten, sondern als Vorübungen. Spencer selbst war gar nicht weit von der Groosschen Erklärung entfernt, wenn er meint, daß es sich beim Spiele hauptsächlich um solche Kräfte handle, „welche die wichtigste Rolle im Leben des einzelnen Geschöpfes spielen". Damit kommt er der funktionell-psychologischen Auffassung des Spieles von Groos sehr nahe, welche vor allem die biologische Bedeutung des Spieles ins Auge faßt. Groos formuliert seine bedeutsam gewordene Vorübungs- und Einübungstheorie des Spieles folgendermaßen:

„1. Jedes Lebewesen bringt eine große Anzahl angeborener Dispositionen auf die Welt mit, die sein Verhalten in meist zweckmäßiger Weise bestimmen; auch ein — besonders in der Wachstumsperiode hervortretender — impulsiver Betätigungsdrang, für den eine vorausgegangene „längere Ruhe" wohl die günstigste, nicht aber eine notwendige Bedingung bildet, gehört bei den am höchsten stehenden Lebewesen zu den angeborenen Eigentümlichkeiten ihrer organischen Natur.

2. Bei den höherstehenden Tieren genügen die angeborenen Reflexe und Instinkte — so unentbehrlich sie auch sind — nicht zur Erfüllung ihrer komplizierten Lebensaufgaben.

3. Die höherstehenden Tiere haben eine Jugendzeit, d. h. eine Entwicklungs- und Wachstumsperiode, in der sie ihr Leben noch nicht selbständig fristen können; sie ist ihnen durch die Elternpflege ermöglicht, die ihrerseits wieder auf angeborene Dispositionen zurückweist.

4. Diese Jugendzeit hat den Zweck, die durch die angeborenen Reaktionsweisen nicht entbehrlich gemachte Erwerbung der für das Leben nötigen Anpassungen zu ermöglichen.

5. Die so ermöglichte Ausbildung kann von verschiedener Art sein. Eine besonders wichtige und zugleich die sozusagen natürlichste Ausbildungsart besteht darin, daß die ererbten Reaktionstendenzen — unterstützt durch jenes impulsive Beschäftigungsbedürfnis — selbst zur Beteiligung drängen, und in dieser Betätigung den Anlaß zu Neuerwerbungen bieten, so daß sich über der ererbten Grundlage erworbene Anpassungen, vor allem neue Reaktionsgewohnheiten aufbauen.

6. Diese Art der Ausbildung wird bei vielen Tierarten durch eine gerade in der Jugend stark hervortretende Nachahmungstendenz in die engste Verbindung mit den Gewohnheiten und Fähigkeiten der älteren Generation gebracht.

7. Wo das heranwachsende Individuum in der angegebenen Weise aus eigenem, innerem Drang heraus und ohne außenliegende Zwecke seine Anlagen zur Betätigung, Entfaltung und Höherentwicklung bringt, da haben wir die ursprünglichste Erscheinung des Spieles vor uns. . . . Auch bei Tieren kommen Spiele der Erwachsenen vor. Ein Wesen, das einmal die Lust des Spieles kennt, wird auch, wenn die Jugend vorbei ist, noch gerne aus dieser Quelle des Vergnügens schöpfen. Es ist ja zugleich völlig im Interesse der Arterhaltung, daß die Übung von Geist und Körper auch im höheren Alter noch fortgesetzt wird." Groos vertritt damit die Ansicht, „daß die Jugendzeit zum Teil um der Spiele willen da ist". „Die Tiere haben eine Jugendzeit, damit sie spielen können." Doflein ergänzte die Groossche Spieltheorie insofern, als er darauf aufmerksam macht, daß sich die Spiele der Tiere auch vielfach als „Probierbewegungen" auffassen lassen.

Ontogenie und Phylogenie des tierischen Verhaltens. Die funktionelle Psychologie beruht also im wesentlichen auf der entwicklungsgeschichtlichen Auffassung des Lebens. Wir unterscheiden bekanntlich bei jedem Lebewesen zweierlei Arten von Entwicklung, nämlich seine keimesgeschichtliche oder individuelle Entwicklungsgeschichte (Ontogenie) und seine stammesgeschichtliche Entwicklungsgeschichte (Phylogenie). Die Ontogenie bedeutet demnach die Entwicklung von der Keimzelle bis zum ausgewachsenen geschlechtsreifen Organismus. Die Phylogenie dagegen ist die Entwicklung, welche die Vorfahren eines Tieres im Laufe der Erdgeschichte nach der Abstammungslehre durchgemacht haben. Wie wir nun eine Entwicklung der tierischen Formen annehmen müssen auf Grund der Zeugnisse, welche die vergleichende Anatomie, Embryologie, Paläontologie, Tiergeographie, experimentelle Biologie usw. liefern, so müssen wir als logische Konsequenz der Abstammungslehre selbstverständlich auch eine Veränderung oder Entwicklung des tierischen Verhaltens vertreten; oder mit anderen Worten: Mit der Formenentwicklung ist eine psychische Entwicklung untrennbar verbunden. Dies können wir für die individuelle Entwicklung direkt beobachten, und für die stammesgeschichtliche Entwicklung gilt dies aus all den Gründen, welche für die Berechtigung der Abstammungslehre angeführt werden können.

Typen des tierischen Verhaltens. In der Zoologie teilen wir die Tiere nach morphologisch-entwicklungsgeschichtlichen Prinzipien ein und gelangen so zu der Unterscheidung von sieben großen Tierkreisen (Urtiere, Hohltiere, Würmer, Stachelhäuter, Weichtiere, Gliederfüßler und Wirbeltiere). In entsprechender Weise könnten wir auch die Lebewesen nach der Entwicklung ihres Verhaltens einteilen, und würden dann zu folgenden Typen gelangen:

1. Typus: Das Verhalten dieser Lebewesen ist nur durch äußere Reize und innere im Protoplasma wirksame Zustände bedingt. Die Fähigkeit zu Ortsveränderung ist entweder gar nicht vor-

handen oder nur sehr schwach. Auf dieser Stufe stehen die meisten Pflanzen, sowie einige niedere Tiere.

2. Typus: Das Verhalten besteht im wesentlichen aus Reizreaktionen (positive, negative und Nahrungsreaktionen) und Probierbewegungen. Hierher gehören z. B. die meisten Urtiere.

3. Typus: Reize, welche das Tier getroffen haben, hinterlassen Spuren. Die betreffenden Tiere besitzen ein einfaches Gedächtnis z. B. Stentor.

4. Typus: Es entwickelt sich ein Nervensystem und dadurch werden Reflexbewegungen ermöglicht. Beispiele: Viele Würmer, Larve des Ameisenlöwen.

5. Typus: Es treten Reflexkomplexe (Instinkte) auf, z. B. Regenwurm (vgl. Darwin, Die Bildung der Ackererde durch die Tätigkeit der Würmer).

6. Typus: Das Verhalten der Tiere ist durch individuelle Erfahrungen, welche durch die Ausbildung eines assoziativen Gedächtnisses ermöglicht werden, gegenüber den äußeren Einwirkungen modifizierbar. Hierher gehören die Bienen, Ameisen und die meisten Wirbeltiere.

7. Typus: Das Verhalten ist einsichtig [1]), d. h. das Tier hat Einsicht in die Beziehungen und Zusammenhänge der von ihm wahrgenommenen Vorgänge. Es erreicht seine Zwecke nicht nur durch Probieren, sondern es vermag die Situation derart zu überschauen, daß es auch auf Umwegen (z. B. Gebrauch von Werkzeugen) sein Ziel erreicht.[2])

Wie jede von uns Menschen gemachte Einteilung, haften selbstverständlich auch dieser Einteilung große Mängel an. Denn ganz reine Typen des tierischen Verhaltens werden besonders von Typus 4 aufwärts ebensowenig vorkommen wie bei den sogenannten menschlichen Vorstellungstypen, wo wir ja eigentlich den betreffenden Typus auch nicht als einen für das gesamte Verhal-

---

1) Das von Köhler gebrauchte Wort „einsichtig" an Stelle des oft in sehr verschwommenem Sinne gebrauchten Wortes „intelligent" stellt eine sehr glückliche Verdeutschung dar.

2) Näheres über einsichtiges Verhalten weiter unten.

ten maßgebenden Typus bezeichnen wollen, sondern wo wir — von pathologischen Fällen abgesehen — nur den charakteristischen Typus eines Menschen im Auge haben. Bei den höheren Verhaltungstypen kehren auch Verhaltungsweisen wieder, die für niedere Typen charakteristisch sind. So sehen wir z. B., daß auch beim erwachsenen Menschen gedächtnismäßige Erfahrungen, Instinkte, Reflexe und Probierbewegungen noch eine ganz gewaltige Rolle spielen, ja man kann sagen, eine viel größere und wichtigere als das einsichtige Verhalten. Trotzdem rechnen wir den Menschen, wenn wir sein Gesamtverhalten im Auge haben, zu dem einsichtigen Typus, da diese Form des Handelns eben die höchste ist, die bei ihm vorkommt. Ebenso beobachten wir z. B. bei den Ameisen ein sehr reich entwickeltes instinktives Verhalten, und wir wären deshalb vielleicht geneigt, sie dem instinktiven Typus zuzurechnen. Da sie aber außerdem noch vielfach ein Verhalten zeigen, das nur mit der Zuhilfenahme eines assoziativen Gedächtnisses erklärt werden kann, und dieses Verhalten, entwicklungsgeschichtlich betrachtet, auf einer höheren Stufe steht, so müssen wir die Ameisen dem 6. Typus zurechnen. Da die meisten Tiere bezüglich ihres Verhaltens noch gar nicht untersucht sind, so ist es heute noch unmöglich, eine Einreihung vorzunehmen. Diese Einteilung erfolgt also lediglich zu dem Zwecke, die Übersicht über die verschiedenen Verhaltungsweisen zu erleichtern. Doflein [42] unterscheidet bei den Tieren einen automatischen und regulatorischen Typus. Bei dem automatischen Typus ist das Verhalten nur durch Reizreaktionen und zwangsmäßig ablaufende Reflexe bedingt, bei dem regulatorischen Typus ist dagegen das Verhalten infolge von Assoziationen und auf der höchsten Stufe infolge von Denkvorgängen modifizierbar. Die Unterscheidung solcher Verhaltenstypen hat vor allem den Vorteil, daß dadurch so vieldeutige und unsichere Begriffe wie „Verstand", „Vernunft", „Intelligenz" usw., die ja meist der vorwissenschaftlichen Psychologie entnommen sind und immer und immer wieder zu Mißverständnissen Anlaß geben, vermieden werden können. Der Übersicht wegen stelle ich die tierischen Verhaltungstypen noch einmal in einer Tabelle zusammen:

Typus	Das Verhalten ist	Das Verhalten ist charakterisiert durch
1. Passiver Typus	träge, passiv	fehlende Ortsbewegung
2. Reaktiver Typus	beweglich, reaktiv, probierend	positive, negative, Nahrungs-Reaktionen und Probierbewegungen
3. Behaltender Typus	dem Tiere geläufig, behaltend	durch Hinterlassung einfacher Spuren
4. Reflektorischer Typus	reflektorisch	Reflexbewegungen
5. Instinktiver Typus	instinktiv	Instinktleistungen
6. Erfahrener Typus	erfahren	Leistungen des assoziativen Gedächtnisses
7. Einsichtiger Typus	einsichtig	Überschauen einer Situation, wobei das Ziel nur auf indirektem Weg, der aus der Erfahrung nicht bekannt ist, erreicht werden kann.

Bei der ontogenetischen Entwicklung des Menschen lassen sich vielfach diese Typen deutlich erkennen. Die unbefruchtete Eizelle können wir wohl mit Recht dem 1. Typus einrechnen. Sie ist eine träge Zelle, die auf passive Art (durch Flimmerbewegungen der Flimmerzellen der Muttertrompete oder durch einsaugende Muskelbewegungen der Muttertrompete usw.) schließlich in die Höhle der Gebärmutter gelangt. Die männlichen Keimzellen (Spermatozoen) dagegen müssen wir bezüglich ihres Verhaltens dem zweiten Typus zurechnen, da wir bei ihnen eine selbständige Bewegungsfähigkeit beobachten und ebenso auch bei Gegenwart von Hindernissen Probierbewegungen vorfinden. Aus der befruchteten Eizelle entwickelt sich dann der Embryo, dessen Verhalten, wie es etwa in den sogenannten Kindsbewegungen zutage tritt, einerseits auf „spontanen" oder „impulsiven" [111], d. h. solchen Bewegungen beruht, die nicht durch äußere Reize, sondern durch innere physiologische Zustände hervorgerufen werden, und andererseits auf Reflexbewegungen zurückgeführt werden können. Dasselbe Verhalten beobachten wir auch beim Neugeborenen. Allmählich werden die Reflexe komplizierter, wir sprechen von Instinkten, es werden Assoziationen gebildet und schließlich entwickelt sich gegen das zweite Lebensjahr schon das einsichtige Verhalten. Auf die Tatsache, daß dabei selbstverständlich auch Handlungen der früheren Entwicklungsstufen beibehalten werden, habe ich schon hingewiesen. Ist es doch einer der verhängnisvollsten Irrtümer, in den wir verfallen, wenn wir annehmen, daß das menschliche Handeln vornehmlich durch Einsicht bestimmt wird.

Von den Ahnen ererbtes Verhalten. Die individuell-entwicklungsgeschichtliche Betrachtung des tierischen Verhaltens führt uns vor allem aber zu der Frage: Inwieweit können bestimmte Verhaltungsweisen von den Vorahnen, die im Sinne der Abstammungslehre ganz anders gestaltet waren, ererbt worden sein? Haeckel hat seinerzeit das sogenannte „biogenetische Grundgesetz" aufgestellt, wonach die individuelle Entwicklung nur als eine kurze und zusammengedrängte Wiederholung der Stammesentwicklung aufzufassen sei. In dieser allgemeinen Fassung ist aber dieses Gesetz heute aufgegeben. Wohl treten bei vielen Tieren während der individuellen Entwicklung Stadien und Erscheinungen auf, die sich nur als Erbstücke der Vorfahren verstehen lassen, aber trotzdem wird die individuelle Entwicklung noch von anderen Faktoren beeinflußt. Wie es nun eine sehr wichtige Aufgabe der Zoologie ist, den Bau und die Tätigkeit der körperlichen Organe nach rückwärts in der Ahnenreihe zu verfolgen, so müssen wir auch das Verhalten der Tiere, das uns in vielen Fällen vielleicht recht merkwürdig und zunächst unverständlich erscheinen will, aus dem Verhalten seiner Vorfahren zu verstehen suchen. Ich habe schon oben ein Beispiel für diese entwicklungsgeschichtliche Auffassung gegeben, als wir das Scheuen des Pferdes besprachen. Ein weiteres Beispiel mag dies noch näher erläutern. Wir beobachten bekanntlich beim Hunde eine sehr starke Anhänglichkeit an seinen Herrn, dem er z. B. im Gegensatz zu der Katze überallhin folgt. Diese Anhänglichkeit wird uns aber sofort verständlich, wenn wir uns erinnern, daß der Hund von wild lebenden Herdentieren abstammt, unter denen der Wolf wohl die wichtigste Rolle einnehmen wird. Die wilden Hunde sind aber meistens gesellige Tiere. Diese von den Vorfahren ererbte Geselligkeit äußert sich bei dem Hunde eben heute noch in seiner Anhänglichkeit an den Menschen, der an Stelle des Leithundes oder der anderen Artgenossen tritt. Durch die großen Vorteile, die der Hund durch dieses Verhältnis zu seinem Herrn hat, und infolge seiner hochentwickelten Fähigkeiten, sowie durch die Zuchtwahl wurde die Anhänglichkeit dann noch gesteigert. Die Domestikation konnte andererseits an der Raubtiernatur des Hundes nicht viel ändern. Pfungst [48] hat sich die Aufgabe gestellt, zu ermitteln, wie weit im Wolfe bereits psychische Charaktere des Haushundes vorgebildet sind, und kam zu dem Resultat, daß die wesentlichen psychischen Charaktere des Hundes im Wolfe schon vorgebildet sind. Die Domestikation hat vielmehr eigentlich Neues nicht geschaffen. Im Lichte der funktionellen und entwicklungsgeschichtlichen Beleuchtung ist es auch verständlich, weshalb gerade die Herdentiere zu den „klügsten"[1]) Tieren gehören. Das Herdenleben begünstigt in weitgehendstem Maße die Reizempfänglichkeit und die Fähigkeit, Assoziationen zu bilden. Und wenn, wie durch Untersuchungen von Pfungst und Marbe erwiesen wurde, manche Tiere die Fähigkeit haben, noch Bewegungen wahrzunehmen, die dem Menschen vollständig entgehen, so mag diese Erscheinung wohl in erster Linie dadurch bedingt sein, daß die Empfänglichkeit für solche minimalen Reize bei den Herdentieren eine große biologische Bedeutung hat, da es darauf ankommt, auf die Ausdrucksbewegungen der Artgenossen möglichst bald zu reagieren (z. B. bei Furcht vor Gefahr, bei sexueller Betätigung usw.).

Kontinuität des Bewußtseins. So sehen wir, daß die entwicklungsgeschichtliche Auffassung das tierische Verhalten uns immer wieder als das Endglied einer stammesgeschichtlichen Entwicklung erscheinen läßt. Da diese stammesgeschichtliche Entwicklung des

---

1) Ich vermeide hierbei absichtlich den Begriff „intelligent", welcher gerade in diesem Zusammenhang viel gebraucht wird, da intelligent seiner sprachlichen Ableitung nach einsichtig heißt, und gebrauche mangels eines besseren Begriffs das Wort „klug".

psychischen Lebens eine ununterbrochene oder kontinuierliche Kette vieler allmählich ineinander übergehender Stufen darstellt, so wird daraus geschlossen, daß auch das Bewußtsein sich allmählich entwickelt haben muß. Dieses sogenannte Kontinuitätsprinzip müssen wir nach Wundt deshalb vertreten, weil wir sonst einer „Katastrophentheorie in die Arme geführt werden", für deren Annahme wir gar keinen Grund anführen können. Von anderen Forschern, z. B. Bühler [115], wird aber dieser Kontinuitätsschluß nicht als tragfähig angesehen. „Denn man könnte sonst mit demselben Recht schließen, daß auch Tiere ohne Augen schon Farbenempfindungen haben, weil doch unsere Farbenempfindungen aus etwas anderem hervorgegangen sein müssen."

Die entwicklungsgeschichtliche Auffassung des menschlichen Verhaltens. Wir würden nun einem weder logisch-wissenschaftlich noch auf Grund des wissenschaftlichen Tatsachenmaterials begründeten Vorurteil Vorschub leisten, wollten wir vor dem Verhalten des Menschen haltmachen und es aus unserer Betrachtung ausnehmen. Für den Naturforscher und den vorurteilsfrei denkenden Psychologen muß der Mensch und sein Verhalten selbstverständlich genau so zum Gegenstand der wissenschaftlichen Erforschung gemacht werden wie jede andere Naturerscheinung. Mit gutem Rechte dürfen wir die Abstammungslehre deshalb auch auf die psychische Seite des Menschen anwenden aus all den Gründen, welche für die Abstammung des Menschen von einer tierischen Ahnenreihe angeführt werden können. Allerdings müssen wir zugeben, daß das Tatsachenmaterial hier insofern noch sehr lückenhaft ist, als wir die Brücken zwischen dem Menschen und den Tieren vielfach noch nicht kennen. Diese Unkenntnis beruht aber nicht etwa allein auf dem Fehlen solcher Brücken überhaupt, sondern vielfach auf der noch ausstehenden Erforschung des vorhandenen Beobachtungsmaterials. Es war deshalb ein sehr glücklicher Gedanke, die dem Menschen am nächsten stehenden Affen, die sogenannten Menschenaffen oder Anthropoiden in gehirnanatomischer, gehirnphysiologischer und psychologischer Hinsicht näher zu untersuchen und die Befunde mit jenen am Menschen zu vergleichen. Diese Aufgabe sollte die im Jahre 1912 errichtete Anthropoidenstation auf Teneriffa in Angriff nehmen [112].

Köhlers Intelligenzprüfungen an Menschenaffen. Obwohl die wissenschaftliche Arbeit der Station durch die Kriegsverhältnisse sehr erschwert wurde, hat ihr Leiter Wolfgang Köhler (jetzt Professor der Psychologie an der Universität Berlin) an Schimpansen eine Menge von Intelligenzprüfungen vorgenommen, die für die Psychologie von der allergrößten Bedeutung sind [113, 114, 51]. Köhler stellt sich die Frage, ob das Verhalten des Schimpansen zu einem Typus aufsteigt, der uns als „einsichtig" im Gegensatz zu sonstigem Verhalten, besonders von Tieren vorschwebt. Das Prinzip der Versuche ist folgendes: „Der Versuchsleiter stellt eine Situation her, in welcher der direkte Weg zum Ziel nicht gangbar ist, die aber einen indirekten Weg offenläßt. Das Tier kommt in diese Situation, die (der Möglichkeit nach) völlig überschaubar ist, und kann nun zeigen, bis zu welchem Verhaltenstypus seine Anlagen reichen, insbesondere ob es die Aufgabe auf dem möglichen Umwege löst." So waren die Tiere z. B. von ihrem Futter durch ein Gitter getrennt, konnten es aber auf einem Umweg erreichen. Eine andere Versuchsanordnung bestand darin, daß ein wie ein Pendel schwingender Korb, der das Futter erhielt, nur an einer Stelle in einem bestimmten Augenblick erreichbar war. Köhler prüfte dann, ob die Tiere von einem Werkzeug Gebrauch machen. Das Ziel konnte nur mittels eines Fadens, an dem es angebunden war, oder mittels eines Stocks herangezogen werden. Diese Aufgaben wurden von den Tieren ohne besondere Schwierigkeit gelöst. Eine Kiste mußte zum Ergreifen des an der Decke hängenden Zieles unter dieses gestellt werden. Endlich mußten auch Hindernisse, die den Weg zum Ziele versperrten, weggeräumt werden. Der Springstock wurde zum Überspringen von Hindernissen benutzt. Die benützten Werkzeuge mußten nun von den Tieren zuerst hergestellt werden. Um das Ziel zu erreichen, wurde ein Zweig abgebrochen, mit dem dann das Ziel herbeigeholt wird. Ein oval aufgewundener starker Draht wurde gerade gebogen, um damit das Ziel zu erreichen. Das Abwickeln eines um einen

Balken gewickelten Seiles gelang dagegen den Tieren nicht. Eine Kiste wurde mit drei schweren Steinen gefüllt und stand abseits. Das Ziel war hochangebracht. Um zu dem Ziele zu gelangen, mußte die Kiste benutzt werden, die aber erst nach Herausnehmen der drei Steine transportiert werden konnte. Diese Aufgabe wurde sehr leicht gelöst. Ein Stock wurde durch Einschieben in einen anderen verlängert und dadurch das Ziel erreicht. Die Tiere bauten endlich auch mehrere Kisten aufeinander und erreichten dann auf diese Weise das Ziel, oder benutzten dazu eine Leiter. Eine besonders schwierige Aufgabe war das Ausfindigmachen von Umwegen über selbständige Zwischenziele. „Die Erfahrung lehrt, daß wir den Eindruck einsichtigen Verhaltens besonders stark dann haben, wenn in einzelnen Teilen so weit vom Endziel abführende, aber im ganzen sachlich notwendige Umwege in geschlossener Form gemacht werden. Sultan[1]) sitzt am Gitter und kann mit einem kurzen Stäbchen, das ihm zur Verfügung steht, das draußenliegende Ziel nicht erreichen; ebenfalls draußen, etwa 2 m seitlich vom Ziel, aber näher als dieses, ist der Gitterebene parallel ein längerer Stock niedergelegt; auch er kann mit der Hand nicht ergriffen, wohl aber mit dem kurzen Stäbchen herangezogen werden. Sultan bemüht sich, mit dem kurzen Stock das Ziel zu erreichen; als das nicht gelingt, reißt er vergeblich an einem Stück Draht, das aus dem Gitternetz seines Raumes hervorsteht. Nach einigem Herumschauen — in solchen Versuchen kommt es fast jedesmal zu längeren Pausen, in denen die Tiere ihre Augen die ganze Umgebung abwandern lassen — nimmt er plötzlich wieder ein Stäbchen, geht damit zu der Gitterstelle, der der lange Stock gegenüberliegt, kratzt diesen schnell mit dem Stäbchen heran, ergreift ihn, geht auch schon zur Stelle gegenüber dem Ziel zurück und zieht dieses heran. Von dem Augenblick an, wo die Augen des Tieres den 2 m seitlich liegenden Stock treffen, bildet der Verlauf eine einzige geschlossene Abfolge ohne Hinweis, und obwohl das Heranziehen des langen Stockes (Zwischenziel) mit dem kurzen eine Handlung ist, die in sich selbständig und abgeschlossen

1) So hieß der „klügste" der untersuchten Schimpansen.

sein könnte, zeigt doch die Beobachtung, daß jenes Verfahren mit einem Ruck aus dem Zustand der Ratlosigkeit (Suchen mit den Augen) entspringt, welcher unzweifelhaft auf das Endziel zu beziehen ist, und daß es nachher in die Schlußhandlung (Heranziehen des Endzieles) ohne Absetzen übergeht." In dem Kapitel: „Umgang mit Formen" beschreibt Köhler folgenden Versuch: „Tschego macht ihre ersten Stockversuche und holt Früchte mit dem Stab geradewegs an das Gitter ihres Raumes heran. Nun ist der untere Teil des Gitters noch mit einem dichten, engmaschigen Drahtnetz überzogen, und die Früchte, die das Tier gerade auf sich herangezogen hat, kann es jetzt, obwohl sie dicht vor ihm liegen, nicht ergreifen — weder durch die engen Maschen hindurch noch von oben über das Netz hinweg, da dieses höher ist, als sein Arm hinabreicht. Etwa 1 m seitlich ist das Netz niedriger: Nachdem Tschego einmal vergeblich hinuntergelangt hat, nimmt sie sofort wieder den Stock zur Hand, schiebt das Ziel in klarer, stetiger Bewegung seitwärts auf die niedrige Stelle zu (also von ihrem derzeitigen Platz fort), geht dann schnell selbst hin und kann ohne weiteres die Früchte aufnehmen."

Die Bedeutung der Köhlerschen Arbeiten[1]) liegt: 1. in der Benützung des glücklich gewählten Begriffes „einsichtiges Verhalten", 2. in der Angabe und Ausarbeitung von Versuchsanordnungen, wodurch sie für die Tierpsychologie eine große methodische Bedeutung haben, 3. in ihren Ergebnissen für die Tier- und Menschenpsychologie, welche Köhler folgendermaßen zusammenfaßt: „Die Schimpansen zeigen einsichtiges Verhalten von der Art des beim Menschen bekannten. Nicht immer ist, was sie Einsichtiges vornehmen, äußerlich Menschenhandlungen ähnlich, aber unter geeignet gewählten Prüfungsumständen ist der Typus einsichtigen Gebarens mit Sicherheit nachzuweisen.... Dieser Anthropoide tritt nicht allein mit allerhand morphologischen und im engeren Sinn physiologischen Momenten aus dem übrigen Tiersystem heraus und in die Nähe der Menschenrassen, er weist auch

1) Mit der Köhlerschen Deutung der Versuchsergebnisse sind jedoch manche Forscher nicht einverstanden. Vgl. [119].

jene Verhaltensform auf, die als spezifisch menschlich gilt. Wir kennen die Systemnachbarn nach der andern Seite bisher nur wenig, aber nach dem wenigen und nach den Ergebnissen dieser Schrift ist es nicht ganz unmöglich, daß auf dem Prüfungsgebiet der Anthropoide auch an Einsicht dem Menschen näher steht als vielen Affenarten." Trotzdem besteht aber nach Köhler noch ein gewaltiger Unterschied zwischen Anthropoiden und selbst den allerprimitivsten Menschen. Die Ursachen, weshalb den Schimpansen auch die geringsten Anfänge von Kulturentwicklung nicht gelingen, sind hauptsächlich auf den Mangel der Sprache und eine „prinzipielle Einschränkung an wichtigstem Intelligenzmaterial, den sogenannten ‚Vorstellungen'" zurückzuführen. Eine weitere Bedeutung dieser Arbeiten liegt 4. in ihren sonst noch wertvollen Beobachtungen; so sollen die Schimpansen verschiedene Gegenstände am eigenen Körper anbringen, was man als primitives Schmücken bezeichnen kann. Diese Beobachtung würde der Theorie von Stratz [1]), welche die Entstehung der Kleidung beim Menschen auf das Schmuckbedürfnis und nicht etwa auf eine angeborene Schamhaftigkeit zurückführt, eine neue Stütze liefern. Weiterhin sind die Beobachtungen über das Sexualleben und über sexuelle Tänze bemerkenswert, wobei sicherlich bei weiteren Forschungen manches wertvolles Ergebnis für das Verständnis des menschlichen Verhaltens herauskommen wird. 5. liegt die Bedeutung der Köhlerschen Arbeiten darin, daß unsere bisherigen Anschauungen über das „Denken" der Tiere, die vielleicht in mancher Beziehung doch etwas allzu extrem ablehnend waren — wohl hauptsächlich infolge einer Reaktion gegen die anthropomorphistische Tierpsychologie —, nochmals, auch für die Tiere unterhalb der Anthropoiden, einer Nachprüfung unterzogen werden müssen.

Entwicklungstendenz vom Peripheren zum Zentralen. Wenn wir zum Schlusse nochmals einen Blick werfen auf die psychische Entwicklung, wie sie sowohl in der Ontogenie wie in der Phylogenie erscheint, so können wir mit Stern [111] sagen, daß alle

1) Stratz, Die Frauenkleidung und ihre natürliche Entwicklung. Stuttgart 1904.

Entwicklungstendenzen aus der allgemeinen Formel „Entwicklung vom Peripheren zum Zentralen" hervorgehen. Bei den niedersten Lebewesen finden wir ein Verhalten, das von außen beeinflußt wird und sofort wieder nach außen führt, Reiz und Reizbeantwortung folgen aufeinander ohne Zwischenglieder. „Aller Entwicklungsfortschritt aber beruht nun darauf, daß sich zwischen diese beiden an der Außenperipherie haftenden Betätigungen langsam ein immer stärker werdendes zentrales Glied schiebt. Daraus ergeben sich drei Merkmale der steigenden Entwicklung. Die sensorischen Erlebnisse verselbständigen sich, indem sie nicht mehr alle unmittelbar und reflexmäßig in Bewegungen übergeführt werden; die motorischen Tätigkeiten verselbständigen sich, indem sie nicht mehr nur als reflektorische Antworten auf Sinnesreize ausgeführt werden; und zwischen ihnen breitet sich nun die innerlich bleibende Tätigkeit — physisch ausgedrückt, die des Gehirns, psychisch die des Bewußtseins — immer weiter aus. Für diese zentrale Tätigkeit selbst gilt nun aber die gleiche Entwicklungsrichtung. Zuerst werden solche Leistungen ausgebildet, welche in einem unmittelbareren Zusammenhange zu den peripheren Prozessen stehen; erst später diejenigen, in denen das Bewußtsein sich von der unmittelbaren Beziehung zur Außenwelt emanzipiert und eine immer größere innere Selbständigkeit erringt." Nichts spricht nun so auffällig für die entwicklungsgeschichtliche Auffassung auch des menschlichen Verhaltens, als die Schilderung Sterns, die er in der Absicht, die menschliche psychische Entwicklung zu beschreiben, niedergeschrieben hat, die aber genau auch für die stammesgeschichtliche Entwicklung der Tiere paßt.

Entwicklung des Wirbeltierhirns. Besonders Edinger [10] hat darauf aufmerksam gemacht, daß mit der hohen psychischen Entwicklung auch eine bedeutende Erweiterung gewisser Hirnteile verbunden ist. Das Gehirn ist bei allen Wirbeltieren nach demselben Bauplan angelegt. Der älteste Teil, der an der Basis liegt und der für die einfachsten Funktionen zu sorgen hat, wird von Edinger Paläenzephalon (Urhirn) genannt. Über dem Paläenzephalon erhebt sich allmählich von den Fischen aufwärts das

Neenzephalon (Neuhirn), welches der Träger der Hinrinde ist. Aus der Abbildung 29 ersehen wir, wie das Neenzephalon bei den Wirbeltieren allmählich im Verhältnis zu dem Paläenzephalon

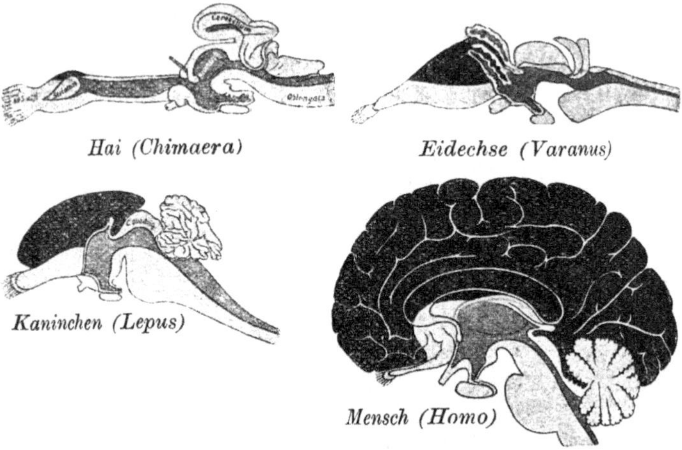

Hai (Chimaera) *Eidechse (Varanus)* *Kaninchen (Lepus)* *Mensch (Homo)*

immer mehr zunimmt, bis es beim Menschen eine ganz gewaltige Ausdehnung erlangt hat. Das Paläenzephalon vermittelt die Reflexe und Instinkte, das Neenzephalon ist dagegen der Träger für die höchsten psychischen Leistungen (Assoziations- und Denkvorgänge).

IX. Die Bedeutung der Tierpsychologie.

Bedeutung für die menschliche Psychologie. Schon in den vorhergehenden Kapiteln hatten wir öfters Veranlassung, auf die Bedeutung der Tierpsychologie für andere Disziplinen hinzuweisen. In erster Linie kommt die Tierpsychologie als wichtige Hilfswissenschaft für die menschliche Psychologie in Betracht. Ihre Stellung dürfte hier eine ähnliche sein, wie sie die Zoologie der Anthropologie, der Anatomie, der Physiologie und Entwicklungsgeschichte des Menschen gegenüber einnimmt. Die Bedeutung der Tierpsychologie für das Verständnis des menschlichen Verhaltens tritt uns dann besonders klar vor Augen, wenn wir die Tierpsychologie als Zellularpsychologie, als funktionelle Psychologie und endlich hauptsächlich als vergleichende Psychologie betreiben. Gerade jene Arbeiten, welche die Tierpsychologie in diesem biologischen Sinne auffaßten, sind auch für die menschliche Psychologie von der größten Bedeutung geworden (so die Arbeiten von Jennings, Groos, Köhler usw.). Mit Recht betont Groos, daß man vor allem seine Aufmerksamkeit auf das spezifisch Tierische im Tier richten muß, weniger auf das besonders Menschenähnliche; „denn hierdurch gewinnt man die Mittel, um das Tierische im Menschen besser zu verstehen, als es durch bloße Erörterung menschlicher Vorgänge möglich ist. Dieses spezifisch Tierische ist vor allem das Instinktleben. Der Mensch hat nach der Ansicht neuerer Forscher mindestens ebensoviele Instinkte als das Tier; aber die meisten menschlichen Instinkte sind durch die Einflüsse der Intelligenz und der Tradition fast unkenntlich geworden. Es bedarf daher einer genaueren Kenntnis der Tierwelt, in der die Instinkte reiner hervortreten, um einzusehen, wie mächtig auch beim Menschen die Bedeutung ererbter Dispositionen ist. — Die Zahl der Forscher, die diesen richtigeren Weg eingeschlagen haben, ist nicht groß.“ Hoffen wir deshalb, daß in Zukunft die Zahl der Psychologen immer größer werden möge, welche, ausgerüstet mit den biologischen und psychologischen Forschungsmethoden, das Verhalten des Menschen untersuchen. Denn wie viele Vorurteile, wie viele auf rein suggestivem Wege erzeugte, für die Gesellschaft oft geradezu schädliche Anschauungen, Gewohnheiten und Sitten könnten weggeräumt werden, wenn mehr wissenschaftliches Verständnis für das Verhalten der Menschen vorhanden wäre! Alles verstehen heißt wohl alles verzeihen. Aber trotzdem dürfen wir nicht vergessen, daß der Mensch selbst auf der primitivsten Stufe dem einsichtigen Typus angehört und an Einsicht die ihm am nächsten stehenden Tiere so sehr überragt, daß noch eine große Kluft zwischen Mensch und Tier bei allen entwicklungsgeschichtlichen Zusammenhängen trotzdem bestehen bleibt. Die Tiere sind nur in geringem Maße imstande, Instinkthandlungen auf Grund von Erfahrungen zweckmäßig abzuändern. Der Mensch dagegen hat die Möglichkeit, sein instinktives Verhalten durch Einsichtshandlungen zu regulieren. Wo ein Tier seinen Instinkten zum Opfer fallen muß, weil es ihnen blind folgen muß, da kann der Mensch noch durch ein rechtzeitig auftretendes einsichtiges Verhalten die Gefahren vermeiden. Allerdings sind auch beim Menschen freilich die Instinkte so mächtig wirksam, daß sie ein einsichtiges Verhalten oft unmöglich machen. Man braucht nur an die vielen Ausschreitungen zu denken, welche schon durch den Hunger und die Liebe hervorgerufen worden sind.

Bedeutung für die Kinderpsychologie und Pädagogik. Vor allen Dingen ist aber die Bedeutung der Tierpsychologie für die Kinderpsychologie sehr einleuchtend. Kein Werk, das diesen Gegenstand behandelt, kann deshalb mehr die Tierpsychologie ignorieren. Claparède bezeichnet das Werk von Groos über die Spiele der Tiere für das bedeutendste pädologische[1]) und vielleicht selbst pädagogische Ereignis seit Rousseaus „Emil". Denn die Erklärung des tierischen Spieles durch Groos hat auch damit die Bedeutung des menschlichen Spieles aufgeklärt [116]. So muß auch der Kinderpsychologe und Pädagoge sich auf dem Gebiete der Tierpsychologie orientieren. Den Pädagogen muß vor allem auch die Abrichtung der Tiere interessieren, müssen doch bei dem kleinen, noch uneinsichtigen Kind zwecks Gewöhnung an bestimmte Handlungen ähnliche Mittel angewendet werden wie bei der Tierdressur. Umgekehrt wird sich aber die Erziehung und Unterweisung mit zunehmender Einsicht des Zöglings immer mehr von der mechanischen gedächtnismäßigen Dressur entfernen müssen, wie wir sie in Abschnitt VII beschrieben haben, weil ihr außer der Stiftung rein gedächtnismäßiger Assoziationen noch andere Hilfsmittel zur Verfügung stehen.

Bedeutung für das Diensthundewesen. Neben dieser mehr theoretischen Bedeutung hat aber die Tierpsychologie heute auch schon eine gewisse praktische Bedeutung erlangt, so z. B. im sogenannten Diensthundewesen, worunter man alle die Einrichtungen ver-

1) D. h. jugendkundliche.

steht, welche zur Ausnützung der Dressur und Verwendbarkeit des Hundes geschaffen wurden (Polizeihunde-Dressuranstalten, Ausbildung von Sanitäts-, Melde-, Wach-, Blinden- und Jagdhunde usw.). Eine Abrichtung, die ihre Regeln auf wissenschaftlich-psychologischen Tatsachen aufbaut, die von den biologischen und psychischen Verhältnissen des Tieres ausgeht und ihre Regeln auf Grund kritischer Beobachtungen und methodischer Experimente aufstellt und daher den Abrichter nicht zwingt, sich auf die meist oberflächlichen und falschen Beobachtungen von Laien zu verlassen, eine solche Abrichtung ermöglicht es dem Abrichter, sich jederzeit Rechenschaft zu geben über den Sinn und die Tragweite seiner Einwirkungen auf das Tier. Das Diensthundewesen sollte eigentlich überhaupt nicht mehr als Sportssache angesehen werden, sondern als eine ernste Angelegenheit; handelt es sich sogar hier doch um Menschenleben (Ermittlung von Verbrechern beim Polizeihund, Rettung von Menschen beim Sanitätshund und Einsparung und Schonung von Menschenleben beim Meldehund). Die großen Übertreibungen der Leistungen der Hunde besonders im Ermittlungsdienste drohten sogar — wie der Ulmer Prozeß zeigte [103] — die Gerichte zu verwirren, und es war höchste Zeit, daß sich die wissenschaftliche Tierpsychologie ins Zeug legte (Pfungst, Most). Dieselben Fehlerquellen, die wir bei dem klugen Hans und bei Basso kennen lernten, nämlich die Unkenntnis der von dem Führer auf das Tier ausgeübten wirksamen Sinnesreize, kommen bei der Abrichtung und Führung der Diensthunde ebenfalls vor. Eine sachgemäße Prüfung von Diensthunden ist für einen psychologisch nicht geschulten Kynologen geradezu unmöglich. Denn jede Diensthundeprüfung ist doch eigentlich nichts anderes als ein psychologisches Experiment; will man doch untersuchen, ob und wie ein Tier unter gewissen Bedingungen reagiert und welchen Einfluß die Bedingungen auf das Verhalten des Tieres haben. Infolgedessen müssen auch bei der Abhaltung von sogenannten Diensthundeprüfungen alle die Punkte beobachtet werden, die bei der Ausführung psychologischer Beobachtungen und Experimente bedeutsam sind. Für die Abhaltung von Diensthundeprüfungen kommt deshalb in erster Linie die Variationsmethode in Betracht. Die Aufgabe darf weder dem Hund noch dem Führer bekannt sein, wenn es sich z. B. darum handelt, die Leistungen der Hunde im Ermittlungsdienste zu prüfen. Allen Kynologen empfehle ich deshalb, sich mit den Ergebnissen und Untersuchungsmethoden der wissenschaftlichen Tierpsychologie eingehend vertraut zu machen.

Die Tierpsychologie als Unterrichtsgegenstand. Zum Schlusse möchte ich noch den Wunsch aussprechen, daß auch in den Schulen das Verhalten der Tiere mehr als bisher im biologischen Unterricht zum Gegenstand der Beobachtung gemacht wird. In Aquarien, Terrarien, künstlichen Ameisennestern, Bienenstöcken sowie im Freien lassen sich sehr viele Beobachtungen machen, die das lebhafteste Interesse der Schüler erregen.[1]) Auf der Oberstufe der höheren Schulen könnten Beobachtungen über das Verhalten der Urtiere, Regenwürmer, der Larve des Ameisenlöwen, der Ameisen usw. gemacht werden, an denen dann die Begriffe Reizreaktion, Probierbewegung, Reflex, Instinkt usw. entwickelt werden.[2]) Besonders lehrreich ist aber die Deutung der Beobachtungen, wobei der Schüler sich vor voreiligen Schlußfolgerungen und vor allerlei Fehlerquellen hüten muß. Wer gelernt hat, das Verhalten eines Lebewesens aus seiner Organisation heraus und aus den es umgebenden Bedingungen, also nach seiner Anlage und seinem Milieu, zu verstehen, der wird auch bei der Beurteilung seiner Mitmenschen jene Reife des Urteils besitzen, die vornehmlich den Gebildeten vom Ungebildeten unterscheidet und die einem wirklich menschlichen, d. h. einsichtigen Verhalten entspricht.

1) In diesem Zusammenhang möchte ich noch auf die Bedeutung der Zoologischen Gärten hinweisen, die in größeren Städten zu wissenschaftlichen Beobachtungsstationen erweitert werden könnten, wobei, falls die Leitung in den Händen eines biologisch und psychologisch-methodisch geschulten Fachmanns liegt, sicherlich eine umfangreiche Bereicherung unseres psychologischen Wissens sich ergeben würde.

2) Vgl. W. Schoenichen, Methodik und Technik des naturgeschichtlichen Unterrichts. Leipzig 1914.

Literaturverzeichnis.[1])

Wer sich mit tierpsychologischen Studien befassen will, muß auf zwei Gebieten orientiert sein, nämlich auf dem der Zoologie und der Psychologie. Zur zoologisch-biologischen Orientierung empfehle ich vor allem das prächtige Werk von Hesse und Doflein, Tierbau und Tierleben (Leipzig 1910—1914, Teubner), dann Stempell und Koch, Elemente der Tierphysiologie außer den schon im Text genannten Bändchen aus der Sammlung „Aus Natur und Geisteswelt".

Zur Orientierung über die menschliche Psychologie empfehle ich:

*1. Braunshausen, Einführung in die experimentelle Psychologie. ANuG Bd. 484. 2. E. v. Aster, Einführung in die Psychologie. ANuG Bd. 492. 3. A. Messer, Psychologie. Stuttgart 1920. 4. Ebbinghaus, Grundzüge der Psychologie. 4. Aufl. Hrsg. von K. Bühler, 1. Bd. 1919. 5. Th. Ziehen, Leitfaden der physiologischen Psychologie. Jena 1914. — W. Wundt, Vorlesungen über die Menschen- und Tierseele. 6. Aufl. Leipzig 1919. 6. W. v. Bechterew, Objektive Psychologie. Leipzig 1913. 7. Fröbes, Lehrbuch der experimentellen Psychologie. Freiburg i. Br. 1917. 8. R. Pauli, Psychologisches Praktikum. Jena 1920.

Über den Zusammenhang von Gehirn und Seele geben Aufschluß:

9. E. Becher, Gehirn und Seele. Heidelberg 1911. 10. L. Edinger, Vorlesungen über den Bau der nervösen Zentralorgane. Leipzig 1911.

Ältere Werke über Tierpsychologie, die meist auf dem Boden der Popularpsychologie stehen:

11. Reimarus, Allgemeine Betrachtungen über die Triebe der Tiere, hauptsächlich ihre Kunsttriebe. 3. Aufl. Hamburg 1773. 12. Carus, Vergleichende Psychologie. Wien 1866. 13. L. Büchner, Aus dem Geistesleben der Tiere. Berlin 1876. 14. G. Romanes, Die geistige Entwicklung im Tierreich. 1885. 15. Lubbock, Die Sinne und das geistige Leben der Tiere. Leipzig 1889.

Neuere wissenschaftliche Arbeiten sind:

16. J. Loeb, Die Bedeutung der Tropismen für die Tierpsychologie. Leipzig 1909. 17. Morgan, Animal behavior. London 1900. 18. W. Schoenichen, Über Tier- und Menschenseele. Stuttgart 1900. 19. Morgan, Introduction to comparative Psychology. London 1903. 20. Watson, Animal education. Chicago 1903. 21. Yerkes, The dancing mouse. NewYork 1907. *22. O. zur Strassen, Die neuere Tierpsychologie. Leipzig 1908. 23. v. Buttel-Reepen, Die moderne Tierpsychologie. Archiv für Rassen- und Gesellschaftsbiologie. 6. Jahrg. 1909. 24. K. C. Schneider, Vorlesungen über Tierpsychologie. Leipzig 1909. 25. Mast, Light and the behavior of organismus. New York 1911. 26. Bohn, Die neue Tierpsychologie übersetzt von Thesing. Leipzig 1912. 27. Claparède, Tierpsychologie in Handwörterbuch der Naturwissenschaften. Bd. IX. Jena 1913. 28. G. Kafka, Einführung in die Tierpsychologie.

1) Eine Vollständigkeit ist nicht erstrebt. Weitere Literatur findet sich in den angeführten Werken. Die mit * versehenen Werke sind zur Einarbeitung besonders geeignet.

Leipzig 1913. **29.** Bastian Schmid, Das Tier und wir. Leipzig ohne Jahreszahl. **30.** Bastian Schmid, Von den Aufgaben der Tierpsychologie. Berlin 1921. **31.** H. E. Ziegler, Tierpsychologie. Sammlung Göschen. Leipzig 1920.[1])

Über die Psychologie spezieller Tiergruppen vergleiche:

32. Fabre, Souvenirs entomologiques. 10 vol. 1879—1910. **33.** Wasmann, Die psychischen Fähigkeiten der Ameisen. Stuttgart 1899. **34.** Buttel-Reepen, Die stammesgeschichtliche Entstehung des Bienenstaates. Leipzig 1903. **35.** Lukas, Psychologie der niedersten Tiere. Wien 1905. **36.** Wasmann, Vergleichende Studien über das Seelenleben der Ameisen und der höheren Tiere. 2. Aufl. Freiburg 1900. **37.** A. Forel, Die psychischen Fähigkeiten der Ameisen. München 1901. ***38.** K. Escherich, Die Ameise. Braunschweig 1906. **39.** Th. Ernst, Tierpsychologische Beobachtungen und Experimente. Archiv f. d. gesamte Psychol. XVIII. 1910. **40.** Th. Ernst, Kritische Untersuchungen über die psychischen Fähigkeiten der Ameisen. Archiv f. d. gesamte Psychol. XXXI. 1914. ***42.** F. Doflein, Der Ameisenlöwe. Jena 1916. **43.** St. v. Maday, Psychologie des Pferdes und der Dressur. Berlin 1912. **48.** O. Pfungst, Versuche und Beobachtungen an jungen Wölfen. Ber. über den VI. Kongreß f. exp. Psychologie in Göttingen. Leipzig 1914. **49.** O. Pfungst, Zur Psychologie der Affen. Bericht über den V. Kongreß für exp. Psychologie in Berlin. Leipzig 1912. **50.** A. Sokolowsky, Beobachtungen über die Psyche der Menschenaffen. Frankfurt a. M. 1908. **51.** W. Köhler, Zur Psychologie des Schimpansen. Psychologische Forschung. 1. Bd. Berlin 1921, Springer.

I. **52.** A. Beethe, Dürfen wir den Ameisen und Bienen psychische Qualitäten zuschreiben? Archiv für die gesamte Physiologie. Bd. 70. 1898. **53.** A. Beethe, Noch einmal über die psychischen Qualitäten der Ameisen. Archiv f. d. gesamte Physiologie. Bd. 79. 1900. **54.** L. Arnhart, Objektive Psychologie. Biologisches Zentralblatt. 19. Bd. 1899. **55.** Th. Beer, A. Beethe u. J. v. Uexküll. Vorschläge zu einer objektivierenden Nomenklatur in der Physiologie des Nervensystems. Biologisches Zentralblatt. 19. Bd. 1899. **56.** H. v. Buttel-Reepen, Sind die Bienen Reflexmaschinen? Leipzig 1900. **57.** E. Claparède, Les animaux sont-ils conscients? Rev. philos. 1901. **58.** E. Wasmann, Nervenphysiologie und Tierpsychologie. Biologisches Zentralblatt. Bd. 21. 1901. **59.** E. Wasmann, Noch ein Wort zu Bethes Reflextheorie. Biologisches Zentralblatt. Bd. 22. 1902. **60.** H. Driesch, Die Seele als elementarer Naturforscher. Leipzig 1903. **61.** Yerkes, Animal psychology and criteria of the psychic. J. of Phil., Psychol. and scient. Meth. 2. 1905. **62.** Nuel, La psychologie comparée est-elle légitime? Arch. d. Psychol. 5. 1906.

II. **63.** Yerkes and Watson, Methodes of studying Vision in Animals Behav. Monogr. 1911. ***64.** K. C. Schneider, Tierpsychologisches Praktikum in Dialogform. Leipzig 1912. ***65.** E. Claparède, Die Methoden der tierpsychologischen Beobachtungen und Versuche. Ber. über

1) Dieses besonders wegen seiner ausführlichen geschichtlichen Ausführungen und seiner Beispiele brauchbare Werk steht leider in seinem psychologisch-methodischen Teil nicht auf der Höhe der Wissenschaft.

den 3. Kongreß für exper. Psychol. in Frankfurt a. M. Leipzig 1909. **66.** A. Lehmann, Lehrbuch der psychologischen Methodik. Leipzig 1906. **67.** Rothmann, Über experimentelle Läsionen des Zentralnervensystems an anthropomorphen Affen (Schimpansen). Arch. f. Psychiatrie. Bd. 38.

III. ***68.** H. S. Jennings, Die niederen Organismen, ihre Reizphysiologie und Psychologie. Autorisierte deutsche Übersetzung von Mangold. Leipzig und Berlin 1914. **69.** C. v. Heß, Die Entwicklung von Lichtsinn und Farbensinn im Tierreiche. Wiesbaden 1914, Bergmann. ***70.** R. Demoll, Die Sinnesorgane der Arthropeden, ihr Bau und ihre Funktion. Braunschweig 1917. **71.** A. Kühn u. R. Pohl, Dressurfähigkeit der Bienen auf Spektrallinien. Die Naturwissenschaften 1921. S. 738ff. **72.** S. Becher, Neue Versuche zum Problem des Licht und Farbensinnes der Daphnien. Verh. der deutschen zool. Gesellschaft 1921.

IV. **73.** Über die reiche Instinktliteratur siehe Artikel Instinkt in Eisler, Wörterbuch der philosophischen Grundbegriffe. **74.** H. Spencer, Die Prinzipien der Psychologie. Übersetzt von Vetter. Stuttgart 1882. **75.** E. Wasmann, Der Trichterwickler. Münster 1884. **76.** Emery, Intelligenz und Instinkt der Tiere. Biologisches Zentralblatt. Bd. 13. 1893. ***77.** E. Wasmann, Instinkt und Intelligenz im Tierreich. 3. Aufl. Freiburg i. Br. 1905. **78.** Minkiewicz, Versuch einer Analyse des Instinkts nach objektiver vergleichender und experimenteller Methode. Zool. Jahrb. 1909. ***79.** H. E. Ziegler, Der Begriff des Instinkts einst und jetzt. 2. Aufl. Jena 1910. ***80.** Morgan, Habit and Instinct. 1896. Deutsche Übersetzung (Instinkt und Gewohnheit). Leipzig 1909, Teubner. ***81.** Morgan, Instinct and Experience. London 1912.

V. **82.** G. F. Nikolai, Die physiologische Methodik zur Erforschung der Tierpsyche. Journal für Psychologie und Neuralgie. Bd. X. 1908. **83.** J. P. Pawlow, Ein neues Laboratorium zur Erforschung der bewegten Reflexe. Ergebnisse der Physiologie, 11. Jahrg. Wiesbaden 1911. **84.** R. Semon, Die mnemischen Empfindungen. Leipzig 1909. ***85.** R. Semon, Die Mneme als erhaltendes Prinzip im Wechsel der Zeiten. Leipzig 1911. **86.** K. v. Frisch, Der Farbensinn und Formensinn der Biene. Zool. Jahrb., Abt. für Physiologie, Bd. 35, auch als Buch, Jena 1914, Fischer. **87.** v. Frisch, Über den Geruchsinn der Biene und seine blütenbiologische Bedeutung. Zool. Jahrb., Abt. für Physiol., Bd. 37, auch als Buch, Jena 1919, Fischer. **88.** v. Frisch, Über die Bedeutung von Blumenfarben und Blütenduft. Naturwissenschaftliche Monatshefte. 2. Bd. 1920. **89.** v. Heß, Neues zur Frage nach einem Farbensinn der Bienen. Die Naturwissenschaften 1920.

VI. ***90.** Pfungst, Das Pferd des Herrn v. Osten. Leipzig 1907. **91.** Franken, Instinkt und Intelligenz eines Hundes. Zeitschr. f. angew. Psychol. Bd. 4. 1911. **92.** Thorndike, Animal Intelligence. Neuauflage NewYork 1911. **93.** K. Krall, Denkende Tiere. 2. Aufl. Leipzig 1912. **94.** K. Bühler, Denken im Handwörterbuch der Naturwissenschaften. Jena 1913. **95.** O. Selz, Die Gesetze des geordneten Denkverlaufs. 1913. **96.** P. Moeckel, Unser Hund Rolf. Aus den Mitteilungen der Gesellschaft für Tierpsychologie (1914) abgedruckt in dem von dieser Gesellschaft herausgegebenen Sammelbändchen: Die Seele des Tieres. 2. Aufl. Berlin 1916. **97.** v. Madan, Gibt es denkende Tiere? Leipzig

Die angegebenen Preise sind Grundpreise die z. Zt. (November 1922), den jetzigen Herstellungs- u. allgem. Unkosten entsprechend, mit der Teuerungsziffer 100 (für Schulb., m. * bezeichn., mit 70) zu vervielfältigen sind.

Mendels Vererbungstheorien. Von *W. Bateson*, M. A. F. R. S. V. M. H Dir. d. John Innes Horticultural Institution in Merton (Surrey). Aus dem Englischen übersetzt von *Alma Winckler*. Mit einem Begleitwort v. Hofrat Dr. *R. v. Wettstein*, Prof. a. d. Univ. Wien, sowie 41 Abb. i. T., 6 Taf. u. 3 Portraits von Mendel. [X u. 375 S.] gr. 8. 1914. Geh. M. 17.60, geb. M. 20.—

Gibt eine Darstellung der Mendelschen Entdeckung sowie der in den letzten Jahren durch die Anwendung gemachten Erfahrungen der Erblichkeitsforschung.

Die mathematischen Grundlagen der Variations- und Vererbungslehre. Von Prof. Dr. *P. Riebesell*, Hamburg. Mit dem Bildnis von Gregor Mendel als Titelbild und 15 Abb. im Text. [IV u. 45 S.] 8. 1916. (Math.-physik. Bibl. Bd. 24.) Kart. M. 1.—

Behandelt die von Mendel u. a. aufgedeckten zahlenmäßigen Gesetzmäßigkeiten im Reiche des Organischen von mathematischen Gesichtspunkten aus.

Mathematik und Biologie. Von Dr. *M. Schips*, Zürich. Mit 16 Fig. im Text. [II u. 52 S.] 8. 1922. (Math.-physik. Bibl. Bd. 42.) Kart. M. 1.—

Führt in die mathematische Behandlung biologischer Fragen sowohl der Morphologie wie der Anatomie und Physiologie, endlich in die mathematische Ableitung des Weberschen Gesetzes ein.

Allgemeine Biologie. Einführ. i. d. Hauptprobleme d. organisch. Natur. Von Dr. *H. Miehe*, Prof. a. d. Landwirtschaftl. Hochsch. Berlin. 3., verb. Aufl. M. 44 Abb. i. T. [129 S.] 8. 1920. (ANuG Bd. 130.) Kart. M. 1.80, geb. M. 2.40

Gibt eine umfassende Übersicht über die Erscheinungen des Lebens wie Entwicklung, Ernährung, Atmung, Sinnesleben, Fortpflanzung, Tod, Variabilität, Vererbung und behandelt die Theorien in der Entstehung und Entwicklung der Lebewelt.

Einführung in die Biologie. Von Prof. Dr. *K. Kraepelin*, weil. Dir. d. Naturhistor. Museums in Hamburg. Große Ausgabe. 5. verb. Aufl. von Prof. Dr. *C. Schäffer*, Studienrat a. d. Oberrealschule a. d. Uhlenhorst in Hamburg. Mit 461 Textbild., 1 schwarz. Taf., 4 Taf. i. Buntdr. u. 3 Kart. [VIII u. 357 S.] gr. 8. 1921. Geb. *M. 11.40. Kl. Ausg. Mit 333 Textbild., 1 schwarz. Taf. sowie 4 Taf. u. 2 Kart. in Buntdr. [IV u. 251 S.] gr. 8. 1919. Geb. *M. 7.20

„Dieses Buch ist geradezu ein Kompendium der allgemeinen Biologie. Es füllt tatsächlich eine Lücke aus und sollte in der Bibliothek niemandes fehlen, der in der Naturwissenschaft die Grundlage unserer heutigen Bildung sieht." (Die Umschau.)

Einführung in die allgemeine Biologie. Von Dr. *W. T. Sedgwick*, Prof. a. d. Massachusetts Institute of Technology in Boston u. Dr. *E. B. Wilson*, Prof. a. d. Columbia College in New York. Autor. Übers. n. d. 2. Aufl. von Dr. *R. Thesing*. Mit 126 Abb. [X u. 302 S.] gr. 8. 1913. Geh. M. 8.—, geb. M. 10.—

Abstammungslehre und Darwinismus. Von Dr. *R. Hesse*, Prof. an der Universität Bonn. 6. Aufl. Mit 41 Textabb. [IV u. 128 S.] 8. 1922. (ANuG Bd. 39.) Kart. M. 1.80, geb. M. 2.40

Befruchtung und Vererbung. Von weil. Dr. *E. Teichmann*, Frankfurt a. M. 3. Aufl. Mit 13 Textabb. [113 S.] 8. 1919. (ANuG Bd. 70.) Kart. M. 1.80, geb. M. 2.40

Verlag von B. G. Teubner in Leipzig und Berlin

Anfragen ist Rückporto beizufügen

GPSR Compliance

The European Union's (EU) General Product Safety Regulation (GPSR) is a set of rules that requires consumer products to be safe and our obligations to ensure this.

If you have any concerns about our products, you can contact us on ProductSafety@springernature.com

In case Publisher is established outside the EU, the EU authorized representative is:

Springer Nature Customer Service Center GmbH
Europaplatz 3
69115 Heidelberg, Germany

Batch number: 10577915

Printed by Printforce, the Netherlands